住まい、食べ物、接し方、病気のことがすぐわかる！

モルモット
THE GUINEA PIG

著 大崎典子　Noriko Ohsaki
写真 井川俊彦　Toshihiko Igawa

小動物★飼い方上手になれる！

誠文堂新光社

CONTENTS

もくじ

はじめに ……………………………… 5
モルモット・バリエーション図鑑 …… 6

chapter 1
モルモットってこんな動物 ⑬

■ モルモットの基礎知識Q&A ⑭
　Q どんな性格なの？ ……………… ⑭
　Q 飼うのは難しいの？ …………… ⑮
　Q 寿命はどのくらい？ …………… ⑮
　Q コミュニケーションは取れるの？ … ⑯
　Q 臭いや音はどう？ ……………… ⑯
　Q 毎月のコストはどれくらい？ … ⑰
　Q どんな生活サイクルなの？ …… ⑱
　Q 「モルモット」は英語？ ……… ⑱
　Q ペットになったのは最近？ …… ⑲
　Q どんな体をしているの？ ……… ⑳
■ モルモットを迎える前に ㉒
　どんな子を迎えるか考える ㉒
■ モルモットを迎えよう ㉕
　モルモットの探し方 ……………… ㉕
　私とモルモットの出会い ………… ㉗
■ モルモットの選び方 ㉘
■ うちの子写真館① ㉚

chapter 2
モルモットの飼育環境 ㉛

■ 飼育環境を整えよう ㉜
　落ち着く住まいを用意する ……… ㉜
　飼育グッズ①　ケージ …………… ㉞
　飼育グッズ②　床材 ……………… ㊱
　飼育グッズ③　フード入れ ……… ㊳
　飼育グッズ④　水入れ …………… ㊳
　飼育グッズ⑤　牧草入れ ………… ㊴
　飼育グッズ⑥　ハウス類 ………… ㊴
　飼育グッズ⑦　湿温度計 ………… ㊵
　飼育グッズ⑧　キャリー ………… ㊵
　飼育グッズ⑨　グルーミンググッズ … ㊵
　飼育グッズ⑩　その他 …………… ㊶
■ 住まいを置くならこんな場所 ㊷
　モルモットにとって理想の居場所とは ㊷
■ うちの子写真館② ㊹

chapter 3
モルモットの食事 …………… 45

- モルモットの基本の食事 …………… 46
  - モルモットは完全草食動物 …………… 46
  - ビタミンCは食べて摂ろう …………… 47
- 主食の牧草は食べ放題に …………… 48
  - 牧草は健康食 …………… 48
- 1日2回の主食、ペレット …………… 50
  - モルモット専用をあげましょう …………… 50
  - ペレットの選び方 …………… 51
- 野菜類は大事な副食 …………… 52
  - おいしく楽しく栄養摂取 …………… 52
  - モルモットにあげたい野菜類 …………… 53
- その他の食べ物 …………… 54
  - あげてもいいハーブや野草 …………… 54
  - サプリメントはあくまで補助的に …………… 55
- 食べさせてはいけないもの …………… 56
  - 危険な食べ物には近寄らせない …………… 56
  - 毒性のある野菜・食べ物 …………… 57
- 理想のメニュー例 …………… 58
- うちの子写真館③ …………… 60

chapter 4
モルモットのお世話 …………… 61

- モルモットを迎えたら …………… 62
  - モルモットのペースに合わせる …………… 62
- お世話のやり方 …………… 64
  - 毎日の掃除と食事、健康チェック …………… 64
  - 定期的な大掃除と健康管理やケア …………… 66
- 暑さ・寒さの対策 …………… 68
  - 暑さ・寒さを和らげる環境作り …………… 68
- 体のお手入れ …………… 70
  - 毛のお手入れ …………… 70
  - 爪切りをする …………… 72
  - 入浴の考え方 …………… 73
  - トイレトレーニングのヒント …………… 74

chapter 5
モルモットとの暮らしを楽しもう …………… 75

- モルモットと仲良くなる …………… 76
  - 怖がらせないで気長に接しよう …………… 76
  - モルモットが嫌がること …………… 77
  - 仲良しになるプロセス …………… 78
  - 安全な部屋で遊ばせよう …………… 80
  - マッサージで仲良くなろう …………… 82
  - 抱っこに慣れよう …………… 83
- コミュニケーションを楽しもう …………… 84
  - モルモット語を覚えよう …………… 84
  - ボディランゲージも得意 …………… 84
  - いろんな遊びを楽しもう …………… 87
  - わが家の遊び …………… 88
- モルモットグッズあれこれ …………… 90
- うちの子写真館④ …………… 92

page
003

chapter 6

毎日の健康管理 ……………… 93

- 健康のためにできること ……… 94
  - 日々の健康管理 ……………… 94
  - 成長ごとの健康管理 ………… 95
- 病院を上手に利用しよう ……… 96
  - 病院を探す …………………… 96
  - 病院に行く準備 ……………… 96
  - 通院と診察時の注意 ………… 97
- モルモットの症状と病気 ……… 98
  - モルモットと病気 …………… 98
  - ・あまり食べない、食べる量が減る … 98
  - ・フンが小さい、いびつ、量が少ない … 98
  - ・便が水っぽい、下痢や軟便 …… 99
  - ・おしっこの色が濃い、頻尿、量が減る … 99
  - ・鼻水 …………………………… 100
  - ・皮膚の赤みや腫れ、かゆみ、フケ … 100
  - ・薄毛やハゲ …………………… 101
  - ・毛づやが悪い、毛がゴワゴワになる … 101
  - ・できもの、しこり …………… 101
  - ・よだれ ………………………… 102
  - ・咳やくしゃみ、荒い呼吸 …… 102

- ・目やに、涙、目のにごり …… 102
- ・歩き方がおかしい、元気がない … 103
- ・体重の減少 …………………… 103
- モルモットを飼うなら知っておきたい病気 … 104
  - ・ビタミンC欠乏症 …………… 104
  - ・不正咬合 ……………………… 104
  - ・人獣共通感染症 ……………… 105
- モルモットの繁殖 ……………… 106
  - 繁殖の前に考えること ……… 106
  - 妊娠から出産まで …………… 107
  - 産後のケア …………………… 108
  - モルモットの赤ちゃん ……… 108
- モルモットとのお別れ ………… 109
  - いずれ来るお別れのために … 109
  - お別れを予感したら ………… 109
  - ペットロスについて ………… 109
- うちの子写真館⑤ ……………… 110

写真ご提供・撮影・
取材ご協力の皆さま／参考文献 ……… 111

INTRODUCTION

はじめに

モルモットのことが知りたいあなたへ

　どこかとぼけた顔つきと丸みを帯びた体で、見る人すべての心を和ませてくれるモルモット。たくさん食べて、声とボディランゲージで楽しくしゃべり、のんびり過ごすのが大好きな動物で、小動物系のペットとしては国内外で人気を集めています。

　この本には、モルモットと初めて暮らすという方のために必要な情報をぎゅっと詰め込みました。カメラマンの井川俊彦氏と飼い主の皆さんによる、かわいいモルモット写真もたくさん入っています。気軽に眺めて、楽しく情報を知っていっていただければ幸いです。モルモットとあなたの毎日が素晴らしいものになりますように！

2016年8月
大崎典子

素朴な子からゴージャス系まで
モルモット バリエーション図鑑

English

オレンジ＆ホワイト

イングリッシュ

一番メジャーなモルモット

全身に短くて柔らかい直毛が生えています。理想のボディは頭からおしりまでの幅がほぼ同じずん胴。首から肩にかけて、もりあがりがあります。

クリーム

三毛（ブラック＆クリーム＆ホワイト）

グレー

オレンジ

素朴な子からゴージャス系まで
モルモット バリエーション図鑑

三 毛
（ブラウン＆チョコレート＆
ホワイト）

オレンジ＆ホワイト

三毛（チョコレート＆クリーム＆ホワイト）

テディ

固くて短いくせっ毛さん

縮れた短い毛がぎっしり生えています。つむじはなく、触り心地は張りがあります。

グレー＆ホワイト

クリーム＆ホワイト

クリーム

ホワイト

クレステッド

頭のつむじがおしゃれ

頭のてっぺんにあるつむじと冠毛（クレスト）がチャームポイント。全身には短い直毛が生えています。

グレー

コロネット

1997年公認のニューフェイス

シェルティ（P10）から生まれた品種。頭にはつむじがあり、全身にまっすぐで長い毛が生えています。

三　毛
（ブラウン＆
チョコレート＆
ホワイト）

オレンジ＆ホワイト

page 008

Peruvian

三毛（ブラウン&クリーム&ホワイト）

三毛（ブラック&クリーム&ホワイト）

ペルビアン

ロングヘアと巻き毛が上品

頭と背中の毛はまっすぐで長く、脇の毛は短め。おしりには巻き毛が見られます。同じ長毛でも、シェルティ（P10）より毛束に動きがあります。

ライラック

クリーム&ホワイト

クリーム&ホワイト

Jewel

ブラック

ブラウン&ホワイト

テッセル

存在感のあるウェーブヘア

頭の毛は短めで、胴には長くてウェーブのかかった毛が生えています。つむじはありません。1980年代に生み出された新しい品種です。

オレンジ&ホワイト

シェルティ

さらさらストレートヘア

まっすぐな長い毛が最大の魅力。頭の毛は短めで、脇の毛が特に長くなります。柔らかい毛が密に生えているため、しなやかな手触りです。

ミックスカラー

アビシニアン

全身につむじがぐるぐる

つむじが体のあちこちにあるのが特徴。つむじの数が多いほどいいとされています。固くてゴワゴワとした、イングリッシュよりは少し長めの直毛が生えています。

三 毛
(オレンジ&ブラック&ホワイト)

三 毛
(ブラウン&グレー&ホワイト)

オレンジ&ホワイト

アグーチ&ホワイト

スキニーギニアピッグ

むっちりボディがあらわに

その名の通り、裸のように毛のない品種です。日本では鼻や頭などに毛があるタイプが主流ですが、全身が無毛のタイプもいます。

ブラック&ホワイト

アルビノ

page 011

その他の品種

素朴な子からゴージャス系まで
モルモット バリエーション図鑑

メリノ *Merino*

コロネットのような冠毛が頭にあり、胴の毛は長くてカールしています。比較的新しい、珍しい品種。

オレンジ＆ホワイト

クリーム

アルパカ *Alpaca*

テッセルとペルビアンから作り出された、比較的新しくて珍しい品種。長い毛にカールがかかっています。

ミックス

いくつかの品種の特徴をあわせ持つミックスもかわいさの点では引けを取りません！

Overview

The Guinea Pig
Overview

chapter 1
モルモットって
こんな動物

The Guinea Pig　　　　Overview

モルモットの基礎知識 Q&A

 Q どんな性格なの？

A 穏やかで表現力が豊かです。

1匹1匹で違いはあるけれど、ほかの動物に比べると穏やかでのんびりとした性格の子が多いです。

表現力は豊かで、構ってほしい時やごはんをおねだりする時、くつろいでいる時などに、歌うように色々な声で鳴きます。飼い主に馴れると、手から牧草やおやつをもらったり、手に頭を押しつけてきたり、体に寄りそってくつろぐことも。嬉しかったり怒ったり興奮すると、短い足でポップコーンのようにぴょんぴょんと跳びはねたりもします。きちんとお世話をしてかわいがるうちに、顔つきや声、しぐさからモルモットの気持ちがわかるようになるでしょう。

馴れてくると膝に乗ってなでられるように。気持ちよさそうな顔をしていますね！

動物園のふれあいコーナーでもよく会うことができるモルモット。穏やかな性格で子どもたちでも接しやすいため、膝に乗せてなでることのできる動物として活躍しています。

食べるのが大好き。鳴いたりボディランゲージで上手におねだりもします。

Chapter 1　モルモットってこんな動物

Q 飼うのは難しいの？

A 朝晩の掃除は必要だけど、難しいお世話はいりません。

フンやおしっこの量が多いので、朝晩1日2回の掃除が欠かせません。手間はかかるもののモルモットの動きはゆっくりなので、体が小さくて動きが素早いハムスターやリスよりはのんびりお世話をすることができます。

食事は基本的に牧草をたっぷりと、専用のフードと野菜を朝と晩の1日2回あげます。1日1回は健康チェックを兼ねて遊んであげましょう。その他、定期的にケージや飼育グッズの掃除、動物病院での健康診断、暑さ・寒さ対策などもします。

生き物を飼う以上、毎日のお世話には時間もお金もかかりますが、その分、かわいい姿もたくさん見せてくれます。愛情と責任をもってかわいがりましょう。

Q 寿命はどのくらい？

A 個体差もありますが、だいたい5～6年くらいです。

5～6歳くらいまで生きる子が多いようです。もちろん残念なことに短命となる子もいますが、長生きの子になると、7～8年まで生きることもあります。

一生がそれほど長くはない分、3歳くらいから老いが始まることも珍しくありません。その一方で、5歳を越えても毛並みがよく元気な子もいます。

モルモットの一生の長さは、どんなお世話をしてもらってきたかによっても左右されます。毎日のケアを心がけて、ご長寿モルモットを目指しましょう。

飼う前に考えよう

命を預かる責任は取れますか？

モルモットが幸せに暮らすためには、毎日の小まめなお世話と健康的な食事、そして遊んであげる時間も大切です。飽きたからといって放り出せるものではありません。何年間も飼い続けられるのか、冷静に考えてからお迎えしましょう。

お世話の余裕はありますか？

一度飼い始めたら、何年もの間、モルモットのためにお世話をする時間と飼育費用を出すことになります。時間とお金に、ある程度の余裕が必要です。

仲良くなるのに時間がかかることも

モルモットの中には、怖がりだったり警戒心の強い子もいます。大切に飼っていてもなかなか馴れてくれないこともあるでしょう。飼い主には精神的なゆとりや心の広さも必要です。

The Guinea Pig Overview

Q コミュニケーションは取れるの?

A 馴れれば上手にやり取りします。

モルモットはもともと群れで暮らしているので、コミュニケーションを取るのは得意です。最初は慣れない環境や飼い主を用心するかもしれませんが、愛情をもってお世話をしてもらううちにだんだんなついていくでしょう。大好きな飼い主に向かって「プーイプイ！ 一緒に遊んで！」と鳴いてせがんだり、手をなめて甘えるようになる子もたくさんいます。

なつくまでにかかる時間はモルモットによって違います。モルモットのペースに合わせてゆっくりつき合っていきましょう。

モルモットはコミュニケーションを取るのが大好き。たくさんの声やしぐさで気持ちを伝えて、飼い主に訴えかけてきます。

Q 臭いや音はどう?

A 臭いは掃除次第。よく鳴きますが、大きな音はほとんど立てません。

毛の手入れが行き届いた健康なモルモットはほとんど臭いません。フンとおしっこの量は多いですが、フンそのものにはほぼ臭いはなく、おしっこの浸みた床材などに雑菌が繁殖しなければきつい悪臭も立たないはずです。

モルモットはウサギや猫のように高くジャンプしたり足を踏み鳴らすことはないので、ケージからうるさい音が響くことはありません。若いうちはぐるぐる走り回る時もありますが、柔らかめの床材を使えばそれほど騒音はしないでしょう。プイプイなどよく鳴くので、かわいいと思う人もいれば騒がしいと感じる人もいるかもしれません。どんな声で鳴くのかは飼う前に確認しておきましょう。

家族など一緒に暮らす人にも飼う前に鳴き声を知ってもらって。

Overview

Q 毎月のコストはどれくらい？

A 月に 4,000 ～ 5,000 円くらいは必要です。

モルモットのお世話には牧草やペレット、野菜などの食べ物、床材が毎日必要となります。そのため、毎月最低でも 2,000 ～ 5,000 円はかかると思った方がいいでしょう。モルモットは野菜を食べるので、野菜価格が高騰すると飼育にかかるお金も増えてしまいます。さらに生牧草や無農薬野菜など、質のいい食べ物を与えていたら毎月 1 万円以上かかった、という人もいます。

その他にも飼育グッズを買い足したり、動物病院で季節ごとに健康診断を受けさせたり、出張や旅行の際にペットシッターをお願いするとそのたびにコストがかかります。特に病気をした時には、まとまったお金が万単位で出ていくことがあります。病気や事故のため、毎年 10 万円以上の医療費がかかるようになることもあるかもしれません。毎月 5,000 円前後のお金を用意して少しずつモルモット貯金をしておくと、もしもの時に安心です。

Chapter I　モルモットってこんな動物

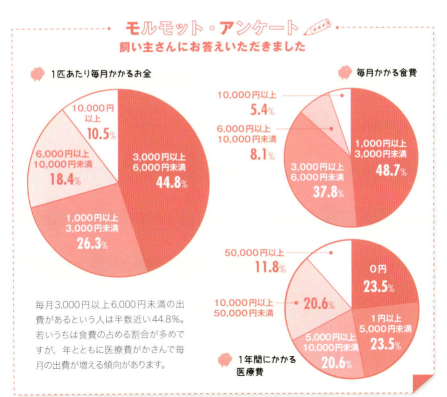

モルモット・アンケート
飼い主さんにお答えいただきました

1匹あたり毎月かかるお金
- 3,000円以上6,000円未満 44.8%
- 1,000円以上3,000円未満 26.3%
- 6,000円以上10,000円未満 18.4%
- 10,000円以上 10.5%

毎月3,000円以上6,000円未満の出費があるという人は半数近い44.8%。若いうちは食費の占める割合が多めですが、年とともに医療費がかさんで毎月の出費が増える傾向があります。

毎月かかる食費
- 1,000円以上3,000円未満 48.7%
- 3,000円以上6,000円未満 37.8%
- 6,000円以上10,000円未満 8.1%
- 10,000円以上 5.4%

1年間にかかる医療費
- 0円 23.5%
- 1円以上5,000円未満 23.5%
- 5,000円以上10,000円未満 20.6%
- 10,000円以上50,000円未満 20.6%
- 50,000円以上 11.8%

The Guinea Pig Overview

Q どんな生活サイクルなの？

A 昼間はお昼寝タイム。
朝や夕方〜夜に元気になります。

野生で暮らしていたモルモットの先祖は夜行性でした。その名残で元気なのは朝か、夕方〜夜にかけての時間。昼間はくつろいでいるか、お昼寝していることが多いです。

なお、モルモットの先祖は同じテンジクネズミ属のペルーテンジクネズミ、またはパンパステンジクネズミだろうと考えられています。彼らは、南アメリカ大陸の森林や沼地、岩場などの大自然で5〜10匹以上の群れを作って暮らしています。そのため、ペットとしてのモルモットも、複数頭で飼育した方がいいという説があります。ただし複数頭で飼うのは健康管理が難しいですし、ケンカして怪我をすることもあるので、初めて飼う人はやめた方がいいでしょう。

昼間はちょっと眠いんだよね〜。

群れで暮らしていたからコミュニケーションは得意だよ♪

Q 「モルモット」は英語？

A 日本独自の呼び名です。

モルモットという呼び方をしているのは実は世界中で日本人だけです。モルモットという呼び名はオランダ語のマーモットが転じたものだと言われています。マーモットはモルモットとは違う動物ですが、オランダ人はモルモットのこともマーモットと呼ぶためです。なお、英語圏の国ではモルモットはギニアピッグ、またはケイビーと呼ばれています。

また、モルモットの正式な和名は「テンジクネズミ」です。生物学ではテンジクネズミ科に分類されていて、カピバラやマーラ、クイなどが仲間です。

Overview

Q ペットになったのは最近?

モルモットが人気のペットである欧米では、飼育書も数多く出ています。

A ヨーロッパではペットとして400年以上の歴史があります。

日本ではペットとしての知名度が必ずしも高くないモルモットですが、ヨーロッパやアメリカでは非常に人気の高い動物です。日本にはまだないモルモット専門誌が発行されているほか、ブリーダーや飼い主によって国ごとにモルモット協会が作られていて、品種について定めたり大々的なモルモットショーを開催したりもしています。また、日本では江戸時代後期にオランダからペットとして伝わったという記録が残っています。

表情豊かでおだやかなモルモットに魅了された人が世界中にいます。

牧草食べ放題!

くつろいだ顔を見ることができるのは飼い主だけの特権です!

Chapter 1 モルモットってこんな動物

The Guinea Pig　　　Overview

Q どんな体をしているの？

■**分類**：
齧歯目ヤマアラシ形亜目
ヤマアラシ顎下目テンジクネズミ科
テンジクネズミ亜科テンジクネズミ属
■**体長**：
約 20 〜 40cm
■**体重**：
オス約 900 〜 1200g
メス約 700 〜 900g

目
代表的なのは黒や茶色の目。その他に赤や赤褐色、黒っぽい赤色なども。頭の両側についているので広い範囲が見えますが、立体的に見るのは苦手です。

鼻
すぐれた嗅覚を持っています。ピクピクと動いて、かすかな臭いも嗅ぎ分けます。

ヒゲ
今いる場所の幅をはかったり、真っ暗なところで道を見つける時に役立ちます。

歯
一生伸び続ける歯が20本生えています。前歯は下の方が長めです。

口
むっちりして丸みを帯びた、小さな口です。

Chapter 1　モルモットってこんな動物

Overview

耳
キクラゲのような形が特徴的。肌色から黒まで、様々な色をしています。聴力がよく、数メートル離れたところでエサの準備をしていてもすぐに気がつきます。

皮膚
全体的に薄く、お腹やわきの下は特に薄めです。オスの首の後ろは厚くなっています。

毛
ごわごわして固い上毛と、細い下毛が生えています。

足
前足には4本、後ろ足には3本の指があります。

臭腺
しっぽや肛門のまわりにあり、分泌物を出します。

生殖器
オスは丸い形で、押すとペニスが現れます。メスの陰部はY字に見えます。

オス　　　　メス

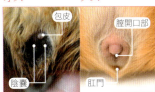

包皮／陰嚢／膣開口部／肛門

乳首
オスもメスも、お腹の後ろ側、後ろ足のつけ根に近い位置に2つあります。

Chapter 1　モルモットってこんな動物

021

The Guinea Pig　　　　　Overview

モルモットを迎える前に

どんな子を迎えるか考える

モルモットの品種や毛色には様々なバリエーションがあります。さらにオスとメスのどちらがいいか、お迎えする頭数も1匹か複数匹かなど、飼い主それぞれに色々な希望があるはずです。どんな子と暮らすのが自分に向いているのか、具体的に考えてみましょう。

子どもにするか大人にするか

子どものモルモットはかわいらしさ抜群。ペットショップでも主に子どもを販売しています。ただし、あまりに幼いうちに母モルモットから離された子は、体が弱いことがあります。生後3〜4週間以上で体重が180〜200g以上はある、離乳した子を選びましょう。

事情があって前の飼い主が手放したモルモットの里親になる場合は、大人か、場合によっては高齢のモルモットが多くなります。それまで愛情深く育てられた子なら、人間を基本的に信頼していて、早く仲良くなれる可能性大です。逆に人にいじめられたことがあったり、飼育環境が悪かった子はなつきにくいこともありえます。また病気の有無も確認した方がいいでしょう。

子ども

あどけなさ抜群！　でも幼いほど抵抗力は弱いので注意が必要です。

大人

今までかわいがられてきた子ならスムーズになついてくれるかも。

Chapter 1　モルモットってこんな動物

Overview

オスにするかメスにするか

　一般的にオスの方がメスよりも体が大きめで、よく鳴いたり元気に動き回ると言われています。反対にメスはオスよりも穏やかな傾向があります。ただし、性格によっては活発なメスやおっとりしたオスもいます。

　なお、出産経験のあるメスや、性成熟したオスは臭いが強くなりがちです。臭いに敏感な人は、出産経験のないメスがいいでしょう。

オス
よく鳴き活発な子が多いです。

メス
オスに比べると穏やかめです。

1匹にするか複数にするか

　初めてモルモットを飼うなら1匹から始めましょう。モルモットの数が増えるほど掃除などのお世話、エサ代などのコストが増すからです。何匹もいると健康管理もしにくくなります。ただし、モルモットは群れで暮らす動物なので2匹以上で暮らした方が幸せだという意見もあります。お世話に慣れて自信がついたら、複数飼育を考えてもいいかもしれません。

1匹
複数頭はお世話が大変なので、初めて飼うなら1匹がおすすめ。

複数
鳴き合っておしゃべりしたり仲良く寄りそう姿は癒し度満点です。

Chapter 1　モルモットってこんな動物

The Guinea Pig Overview

どんな品種にするか

　長毛種は見た目はゴージャスですが、毎日ブラッシングをしないと毛がもつれたり不衛生になってしまいがちです。スキニーギニアピッグは毛がないので、温度や湿度をしっかり管理しなくてはいけません。

　まだ難しいお世話には自信がないという人には、短毛種がおすすめです。

短毛

イングリッシュやテディ、クレステッド。短毛なので換毛期以外は1〜2週間に1度のブラッシングで十分。

長毛

シェルティ、ペルビアン、コロネット、テッセル、メリノ、アルパカ。毛の手入れに手間がかかります。

アビシニアン

毛の長さが4〜5センチとやや長め。短毛種と同様にそれほど頻繁なブラッシングはしなくてもいいでしょう。

スキニーギニアピッグ

毛がないので、寒さやすき間風が特に苦手です。ほかの品種よりもしっかりと温度・湿度管理をします。

お迎え前に気をつけること

アレルギーの有無

動物アレルギーの1つにモルモットに対するアレルギーもあります。また、モルモットがよく食べる牧草もアレルギーを引き起こすことがありますし、牧草についたほこりなどがアレルギー反応に繋がることもあるでしょう。できればお迎え前に自分にアレルギーがないかどうか確認をしておきましょう。

ケージが置けるかどうか

モルモットの場合、推奨されるケージのサイズは幅60cm×奥行35cm以上、高さは30cm以上です。もちろんもっと大きければより快適に過ごせます。理想の大きさのケージを適切な場所に置けるかどうか確認してみましょう。詳しくは、P34、P42〜43を参考にしてください。

Chapter 1　モルモットってこんな動物

Overview

モルモットを迎えよう

モルモットの探し方

モルモットは小動物専門店やペットショップで販売されています。また、モルモットの繁殖を手がけているブリーダーや、飼っているモルモットが出産した友人・知人から譲ってもらうのもいいでしょう。何かの事情で飼えなくなった人の元から里親として引き取るという手もあります。

いずれにしても、それまでと同じ飼育方法を続けられるように、またモルモットの様子も見られるように、モルモットとショップや譲り手の人には直接会って話をすることをおすすめします。

ペットショップ

モルモットが複数いることが多く、1回で何匹もの子に会いたいという人におすすめです。ただし、ほかのモルモットからシラミや皮膚病を移されていることがあるので確認を。また、オスとメスを同じケージに入れているショップだと、お迎えしたらすでに妊娠していたというケースもあるので気をつけましょう。

信頼できるショップとブリーダーとは

- 第一種動物取扱業の登録がある。
- お迎えする前に詳しく飼い方や健康状態を教えてくれる。
- 扱っているモルモットの健康状態がよくて元気だ。
- 飼育ケージがほどよい大きさになっている。
- 店内やケージの中が清潔で臭いもしない。
- （ショップの場合）モルモットの品種表示が間違っていない。

The Guinea Pig Overview

ブリーダー

ブリーダーは通常、ペットショップに自分の手で繁殖させたモルモットを卸しています。ただし中には、自分で直接販売している人もいます。そういうブリーダーにモルモットをお迎えしたいと前もって相談しておけば、生まれた時に知らせてくれるはずです。ブリーダーによっては、お迎え後も飼育相談に応じてくれる人もいます。

家庭で繁殖した人から

モルモットを複数頭飼育している人は珍しくありません。そんな人から、赤ちゃんが生まれたら譲ってもらうのもいいでしょう。後々トラブルがないように、お迎え前には今までの飼育方法、遺伝性疾患や病歴、近親交配かどうかなども聞いておきましょう。また、譲り受ける時の条件などの細かい点も、事前にしっかりと確認しておきましょう。

里親制度

動物アレルギーなどの理由で飼えなくなった人から、モルモットを譲り受けるための制度です。里親探しのホームページや動物保護団体、動物病院などで里子情報を見つけることができます。たいていは大人のモルモットを引き取ることになるので、飼育環境や遺伝性疾患、病歴などの話のほか、メスなら出産経験も聞いておきましょう。

Overview

私とモルモットの出会い

ペットショップでひと目ぼれ！

パックちゃん＆シルバちゃん／せんちゃさん

ペットショップで初めてパックを見てひと目ぼれ！ 寂しくないように2匹で飼おうと決めていたので、パックに続けてお店にやってきたシルバと一緒にお迎えすることにしました。お店の好意で、お迎え前に店内で同居させてもらったところ、とても相性がいいと判明。でも、成長とともにケンカをするようになり、別々のケージにお引越し。今ではケージ越しにふたりで野菜を引っぱりっこしたり挨拶したりと和やかに暮らしています。

ブリーダーと友人宅からお迎え

ちーちゃん＆桃姫ちゃん／今井睦子さん

ちーちゃんは、娘のお誕生日のお祝いとして、ネットで知り合ったブリーダーさんのところからお迎えした子です。飼ってみるまでモルモットがこんなにかわいいとは思っていませんでした！ その後、お友だちの家で理由あって育てられなくなった桃ちゃんも加わり、2匹一緒のケージで暮らしています。よく一緒におしゃべりしたり、テーブルの下のフリースケットに潜り込んでのんびり過ごしています。

小学校の飼育小屋から保護

チョコちゃん／こっこのパパさん

チョコは小学校の校庭で生まれたモルモットです。校庭に建つ吹きさらしの小屋で暮らしていた40匹以上のモルモットたちを、先生の協力のもと動物保護団体が保護。最初は4匹の子どもたちを我が家で一時保護していましたが、そのうちの1匹をそのまま我が家にお迎えしました。苦労してきた子だからか、先住モルとはまだ仲良くできませんが、3カ月経った今では、ケージから出て散歩するのが大好きになりました。

The Guinea Pig　　　　　Overview

モルモットの選び方

　初めてモルモットと一緒に暮らすのなら、一般的な飼育方法で飼える、健康なモルモットを選びましょう。病気や体に障害などがあるモルモットが快適に暮らせる環境を整えて必要なケアをするのは、モルモットのお世話に通じていないと難しいからです。

　モルモットが健康かどうか、以下の項目をチェックしてみて、モルモットを探す時の参考にしてみてください。

目 — EYES

- 目から涙が出ていない。

※白い目ヤニは健康なモルモットでも出します。

耳 — EARS

- 耳の中が汚れていない。
- 耳から嫌な臭いはしない。

鼻 — NOSE

- 鼻水が出ていない。
- 鼻の穴は詰まっていない。

口 — MOUTH

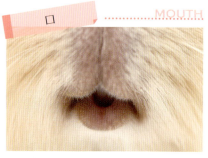

- よだれが出ていない。
- 歯の伸び過ぎ、変形、欠けがない。
- 口呼吸ばかりしていない。

Overview

おしり BOTTOM

- フンやおしっこがついていなくて清潔。

全身 WHOLE BODY

- 【動き】● 元気よく動いて食べている。
- 【 毛 】● 毛並みがいい。
  - 抜け毛やハゲがない。
  - ダニやシラミが毛の間にいない。
  - 長毛種の場合はお腹側に毛玉がない。
- 【 体 】● 痩せていない。
  - 太っていない。

その他 OTHERS

- 食欲がある。
- 抱っこした時に軽かったり、弱々しくない。
- 首は傾いていない。
- 体をかいてばかりいない。
- 同じケージのモルモットも健康。
- フンが健康的な深緑～こげ茶色。
- フンの形はいびつではなく、同じ大きさ。
- おしっこは健康的な白濁した色。

足・指 FEET & TOES

- 前足に4本、後ろ足に3本の指がそろっている。
- 指にケガや欠けたところはない。
- 足の裏側に腫れやスレはない。

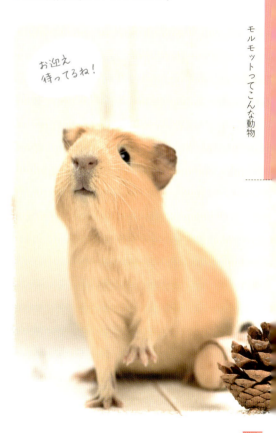

お迎え待ってるね！

Chapter 1 モルモットってこんな動物

page 029

うちの子写真館 ❶

かわいいモルモットとは
1年中いつだって一緒！

The Guinea Pig
Environment

chapter 2
モルモットの飼育環境

The Guinea Pig　　　Environment

飼育環境を整えよう

落ち着く住まいを用意する

モルモットを飼おうと決めたら、まずは環境を整えましょう。

モルモットは1日のほとんどをケージなどの住まいで過ごします。体に合わなかったり不衛生な住まいで暮らしていると、病気になったり、足裏などにケガをすることがあります。元気で快適に暮らせるように、落ち着く住まいを用意しましょう。

人によってお世話がしやすいレイアウトは違うので、自分に合うスタイルを見つけましょう。各グッズの詳細は、次ページ以降を参考にしてください。

牧草入れ
食用の牧草は床に置くとフンやおしっこで汚れるので、牧草入れに入れる。

床材
足や爪を引っかけないように、平らでクッション性のある床にする。牧草を敷くのがおすすめ。金網の床は怪我をしやすいので、外して使うといい。

ハウス類
モルモットは狭い場所に隠れると落ち着くので、小動物用ハウスやモルモット用寝袋など、体を隠せる小さなスペースを用意する。

ナスカン
モルモットが扉を開けてしまわないように、ナスカンを取りつける。

Chapter 2　モルモットの飼育環境

Environment

ケージ

一般的なのは金網製のケージ。広さや高さ、掃除のやりやすさなどを考えて選ぶ。

給水用品

給水ボトルはモルモットが飲みやすい高さにセット。ケージに取りつけるタイプの小皿でもOK。普通の小皿ではひっくり返してしまう可能性も。

フード入れ

ペレットや野菜などを入れるためのお皿。人間用の小皿も使えるが、ひっくり返しにくい固定式か、重さのあるものを選ぶようにする。

温湿度計

温度・湿度をしっかり管理できるように、モルモットのいるケージに取りつける。

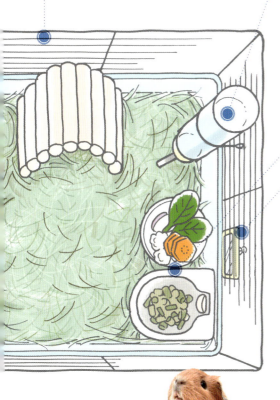

こんなおうちに住みたいな♡

温度・湿度も管理して快適に

南米がルーツのモルモットに、日本の気候は合いません。エアコンなどを使ってモルモットが快適と感じる温度・湿度に調整します。

- ■温度　18〜24℃
  （スキニーギニアピッグは約20℃）
- ■湿度　40〜60％

Chapter 2　モルモットの飼育環境

The Guinea Pig   Environment

飼育グッズ ❶ ケージ

日本ではモルモット専用のケージはほとんど販売されていません。そのため、ウサギ用か小動物用のケージを使うといいでしょう。モルモット専用ケージがほしいという人は、ネット通販や小動物専門店で海外製品を購入するのがいいでしょう。

素材にも注目！

◎金網やプラスチック製
手軽に洗えて汚れも落としやすい。ただし金網をかじり過ぎると不正咬合になる心配も。

✕木の箱や段ボール
汚れが染み込みやすく通気も悪い。段ボールは誤飲の恐れも。

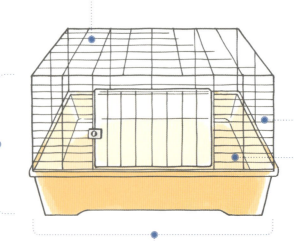

天井
高さがあって確実に逃げられない場合は、天井をはずしてもいい。ただし上から物が落ちてこないように、棚などのそばは避けて。

高さ
30cm 以上。モルモットは高く跳べないのでそれほど高くなくても大丈夫。

網目
モルモットがすり抜けて脱走したり、足をはさまないように、網目の幅が広いものは避ける。

その他
高い位置から落下すると危ないので、ロフトがついていたら取り外す。

広さ
幅 60cm 以上、奥行 35cm 以上で、床面積 2000cm² 以上はあるものを。

床
網の床は足を傷めやすいので取り外すか、牧草やフリース生地などでカバーする。

金網ケージ

簡単に洗えてすぐ乾くので、衛生を保ちやすいです。網の間からモルモットの様子もよく見えます。風通しがいいので寒い時期は防寒に気をつけましょう。

▲キャビエ 80 DX ／ ferplast
W770×D480×H420mm

▲コンフォート 80 ／ KAWAI
W770×D550×H620mm

▲シャトルマルチ 70 ／三晃商会
W700×D440×H395mm

ケージ以外を使う場合

モルモット用ではないので自己責任となるものの、使いやすいアイテムを活用するのもひとつの手です。

衣装ケース

フタに網を取りつけて通気性をよくし、側面に給水ボトルを取りつける穴を開けて使います。軽くて汚れが楽に拭き取れて床材も出しやすいので、手入れは楽。ペット用品ではないので、衛生面や安全性などの管理には気をつけて。

子犬・小型犬用サークル

出入り口の位置が床に近いものが多く、ケージの外で遊ばせる時には、足の短いモルモットでも外に出やすいです。ケージよりも広いのも特徴です。網の幅が広いことが多いので、モルモットが抜け出せない幅かどうか確認を。

Chapter 2 モルモットの飼育環境

The Guinea Pig　　　　　Environment

飼育グッズ ❷ 床材

モルモットの足の裏には厚い毛がなく素肌なので、立つと足の裏や指の皮膚が直接床に触れます。そのため、
① 平らである
② ほどよく柔らかい
③ 指に引っかからない
という3つの条件を満たす床が理想です。さらに、1日2回の掃除が少しでもやりやすいとベスト。

この条件に比較的近い床を作るためには、柔らかい床材1つを敷きつめるか、いくつかの床材を組み合わせるといいでしょう。複数の床材を組み合わせることで、それぞれの短所を補えます。特徴を比較して、自分のモルモットに合う方法を選びましょう。

なお、金網だけの床はモルモットが指を引っかけて骨折したり、足の裏が腫れたり潰瘍ができたりする足底皮膚炎を引き起こしやすいです。また、むきだしのプラスチックの床も、足底皮膚炎につながりやすいので避けましょう。

1種類の床材を使うなら…

■ 牧草を床全体に敷く

適度に柔らかくて足への負担が少ない。牧草を一度に大きなゴミ袋に開ければ楽に掃除が進む。

おしっこをすると牧草が湿って、ケージ内が湿気っぽくなりやすい。毎日たくさんの牧草を取り換えるため、牧草代がかかる。

■ ペットシーツを敷く

おしっこをしっかり吸収するので衛生的。掃除の時にはペットシーツを取り換えるだけで済む。

ペットシーツが薄いと足腰に負担がかかる。食べてしまうとお腹の中で膨れて詰まり、命が危険にさらされます。誤飲にはくれぐれも注意して。

敷き牧草には、水はけのいいバミューダグラスがおすすめ。

クッション性も期待できる、厚めのペットシーツを敷きます。

モルモットの飼育環境

複数の床材を組み合わせるなら……

■ **ペットシーツ＋牧草**

適度に柔らかくて足への負担が少ない。牧草とペットシーツを一度に大きなゴミ袋に開ければ楽に掃除が進む。

牧草の下のペットシーツを引っぱりだしてかじる子には不向き。また、ペットシーツと牧草を毎日取り換えるため、費用がかかる。

■ **ペットシーツ＋鉢底ネット**

ペットシーツの誤飲を防ぐ。目の細かい鉢底ネットなら指が引っかかりにくい。

目が粗い鉢底ネットを使うと、指を引っかけることがある。鉢底ネットがずれてペットシーツが表に出ることも。

■ **ペットシーツ＋フリースなどの厚手の布**

適度に柔らかくて足への負担が少ない。ペットシーツがおしっこを吸収するのでフリースはびしょびしょになりにくい。

フリースなどの布を毎日小まめに洗う必要がある。おしっこがペットシーツに吸収しきれなかった場合、フリースがびしょびしょになることも。

■ **ペットシーツ＋すのこ**

おしっこをペットシーツが吸収。すのこのすき間からフンも落ちて清潔。

すのこが木製だと軟便やおしっこが浸み込みやすい。すのこのすき間に足や指を引っかけて怪我をしやすい。

鉢底ネットの床の上に爪が引っかかりにくいシャーリングのタオルやフリース、モルモット用寝袋などを置くと、さらに快適に。

足が引っかからないように、すのこはすき間が狭く、木が太めのものを選ぶのがポイント。

NGの床材

 細い金網
金網の床の中でも線が細いものは、とても足を傷めやすいので避けましょう。

 段ボール
おしっこが浸み込むと柔らかくなって壊れることも。ついた汚れはほぼ落ちません。

 新聞
おしっこで濡れると乾きにくく、小まめに換えないと不衛生に。誤飲も注意。

 板張り
汚れが浸み込みやすく、不衛生になりやすい。ささくれが足などに刺さってケガをすることも。

The Guinea Pig　　　　　Environment

飼育グッズ ❸ フード入れ

ペレットや野菜を入れる容器は、こぼれにくく汚れにくいものを選びましょう。

ケージに取りつける固定式なら、モルモットがひっくり返す心配がありません。

器はひっくり返りにくいように、ある程度重いものを選びます。

固定式

◀フードフィーダー／KAWAI

陶器製　　　プラスチック製　　　ステンレス製

▲ハッピーディッシュ（ラウンド・M）／三晃商会

飼育グッズ ❹ 水入れ

フード入れと同じく、中身がこぼれにくく汚れにくいものを選びましょう。一番のおすすめは給水ボトルです。水が汚れにくく、ほとんどこぼれません。製品によって飲み口の固さは違うので、新しい製品を使う時はちゃんと飲めているか確認します。給水ボトルが苦手という子には、固定式の小皿を使うといいでしょう。

▲アクアチャージャー 500／三晃商会　　▲エコボトルミニ／マルカン　　▶マルチボトル 500／三晃商会

Environment

飼育グッズ ❺ 牧草入れ

食事用の牧草を直接床に置くと、おしっこなどで汚れてしまいます。できるだけ牧草入れに入れて与えましょう。床材用の種類の牧草とは違う牧草も食べさせやすくなります。

木製

▲フィーダーになる
かじり木(大)／三晃商会

ステンレス製

▲ヘイヘイホルダー／
三晃商会

飼育グッズ ❻ ハウス類

モルモットは小さなスペースに身を隠せると安心します。色々な素材やデザインのものがあるので、好みに合わせて選んであげましょう。中にはハウスの形をしたものよりも、肌触りのいいモルモット用寝袋を好む子も。

木製

▲スロープハウスL／
三晃商会

牧草製

▲シャカシャカトンネル
(ボトムレス)／KAWAI

▲とびばこハウス／
三晃商会

布製

布製の寝袋

▲ペットナチュラルバーM／
サカイペット産業

Chapter 2　モルモットの飼育環境

page 039

The Guinea Pig　　　　　　　Environment

飼育グッズ ❼
湿温度計

　モルモットの居場所の温度・湿度がわかるように、湿温度計はモルモットがいるケージの下の方に取りつけましょう。おすすめは温度・湿度の最高値と最低値も記録できる湿温度計。留守中の気温・湿度の変化も把握できます。

飼育グッズ ❽
キャリー

　動物病院に連れて行く時はもちろん、ケージを丸洗いしている最中の居場所としても使えます。通気性がよく、出入り口が大きなものを選びましょう。運びやすく掃除もしやすいこともポイントです。

▲おでかけバッグL／マルカン

▲アラディノキャリーL／ferplast

飼育グッズ ❾
グルーミンググッズ

　爪が伸び過ぎると足の裏に刺さったり引っかけてケガをしてしまいます。ペット用の爪切りを用意しましょう。
　短毛種は換毛期以外はブラッシングをする必要はありませんが、長毛種は毎日ブラッシングが必要です。ストレートの長毛種はクシも用意しましょう。

爪切り

ハサミタイプ

ギロチンタイプ

グルーミング

ブラシ

クシ

Chapter 2　モルモットの飼育環境

Environment

飼育グッズ ⓾ その他

　エアコンだけで暑さ・寒さの調節をするのは難しいので、ケージ内に置ける暑さ・寒さ対策グッズも用意しましょう。

　モルモットはフンとおしっこの量が多いので、掃除用スプレーがあるとケージを楽にきれいにできます。トイレトレーニング（▶詳細はP74）にチャレンジするなら、小動物用トイレも用意しましょう。

　体重計は体調管理のために役立ちます。g単位で1kg以上測れるものを選びましょう。キッチンスケールでも十分です。

　おもちゃは必ずしも必要ありませんが、用意するならかじって遊べるものがいいでしょう。なお、拾ってきた木の枝には農薬がついていることもあるので気をつけましょう。

▲うさぎの三角トイレ（CM）／三晃商会
指や足をひっかけないように網ははずすのがおすすめ

The Guinea Pig　　　　Environment

住まいを置くならこんな場所

モルモットにとって理想の居場所とは

同じケージや飼育グッズを使っていても、置き場所によって居心地がいいかどうかは変わってきます。モルモットはストレスに弱いので、不安になったり怖がらずに済む場所を選んでケージを置きましょう。モルモットはひとりぼっちで放置されると寂しがることがあるので、ある程度飼い主の目が届く場所にすることも大切です。

また、1日のうちで寒暖差が激しい場所にケージを置くと、体調を崩したり、熱射病などの病気になってしまうことがあります。日射しや風が直接当たらない場所を選ぶといいでしょう。

理想の居場所
- ストレスを感じない
- 気温・湿度が急変しない
- 人の気配を感じられる

具体的には次ページも参考にね！

Chapter 2　モルモットの飼育環境

事故防止・地震対策も忘れずに

モルモットのケージを棚に置く場合は、ケージが落下しないようにしておきましょう。棚はスチールラックなどの丈夫で倒れにくいものを使います。さらにケージが落下しないように、棚にしっかりと固定しておくことも大切です。

また、棚の下や固定していない家具のそばにケージがあると、地震の時に物が落ちてきたり家具が倒れてきてケージがつぶされるかもしれません。ケージ付近の家具は固定しておき、ケージの上のほうにはできるだけ物を置かないようにしましょう。

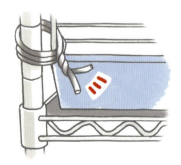

ケージを棚に置く場合は、結束バンドや針金で確実に固定します。

置き場所のポイント

✕ 玄関やドアのそば
人が頻繁に出入りする玄関やドアのそばは落ち着かないので避ける。

✕ ぐらつく棚の上
地震などの衝撃で、ケージごと落下する可能性があるので危険。

〇 壁際
ケージの裏や脇が壁に接していると安心します。外から振動・音が伝わらない壁を選んで。

△ 床の上
ぐらつくことなく安心な一方で、寒い時期には床から冷気が伝わることもあるので要注意。

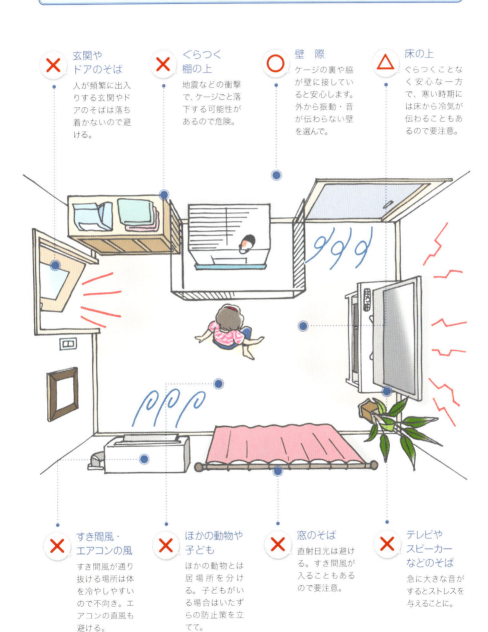

✕ すき間風・エアコンの風
すき間風が通り抜ける場所は体を冷やしやすいので不向き。エアコンの直風も避ける。

✕ ほかの動物や子ども
ほかの動物とは居場所を分ける。子どもがいる場合はいたずらの防止策を立てて。

✕ 窓のそば
直射日光は避ける。すき間風が入ることもあるので要注意。

✕ テレビやスピーカーなどのそば
急に大きな音がするとストレスを与えることに。

Chapter 2 モルモットの飼育環境

The Guinea Pig
Food and diet

chapter 3

モルモットの食事

The Guinea Pig　　　　　　　　Food and diet

モルモットの基本の食事

モルモットは完全草食動物

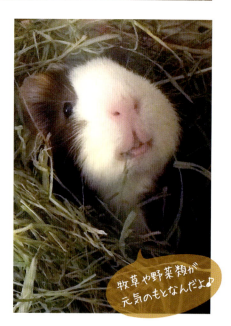

牧草や野菜類が元気のもとなんだよ♪

　モルモットはネズミの仲間ですが、漫画や絵本のネズミのようにチーズなどは食べられません。植物性のものだけを食べる完全草食動物です。

　そのため、主食としてはモルモット専用ペレットと牧草、副食としては野菜や果物をあげましょう。繊維質の少ない食べ物や、タンパク質、脂肪、炭水化物の多い食べ物を食べ続けると、体調を崩して死んでしまうこともあります。絶対に人間の食べ物はあげないようにしましょう。

モルモットの基本の食べ物

主食
- 牧草（▶詳細はP48）
- モルモット専用ペレット（▶詳細はP50）

副食
- 野菜類（▶詳細はP52）

その他
- 新鮮な水

Food and diet

ビタミンCは食べて摂ろう

ビタミンCは意識して与えてね

モルモットにとって重要な栄養素のひとつは、ビタミンCです。というのも、モルモットは体の中でビタミンCを作り出すことができません。ビタミンCを含む食べ物を摂らないと、ビタミンC欠乏症（▶詳細はP104）になってしまいます。

毎日、体重1kg当たり15〜20mgのビタミンCを摂る必要があります。さらに、妊娠中や産後のママモルモットや、病気のモルモットの場合は、もっとたくさん摂った方がよいでしょう。

モルモット専用ペレットであればビタミンCが含まれていますし、新鮮な野菜や果物からも摂取できます。また、サプリメントもあるので、ビタミンCが足りていないときにはプラスするようにしましょう。

ビタミンCの摂り方

- ペレット ………………… P50 へ
- 野菜・果物 ……………… P52 へ
- サプリメント …………… P55 へ

驚かないで！ 食フン行動

モルモットと暮らしていると、体を丸めておしりに口をつけている姿を時々見かけます。これは盲腸フンという特別なフンを食べているのです。

モルモットは、体の中でビタミンB群やたんぱく質などの栄養素を作り出し、盲腸フンとして体の外に出して食べる習性があります。これはなくてはならない自然な行為です。

なお、盲腸フンは小さくて水気があり、形は崩れていません。形が崩れていたら下痢なので気をつけましょう（▶詳細はP99）。

こんなふうにおしりに口をつけて食べるよ！

Chapter 3　モルモットの食事

The Guinea Pig　　　　　Food and diet

主食の牧草は食べ放題に

牧草は健康食

　牧草は繊維質が豊富で、完全草食動物のモルモットにはたくさん食べさせたい健康食です。とりわけチモシーは低カロリーで、タンパク質とカルシウムの量も少なめ。モルモットにはおすすめの牧草なので、チモシーは1日中食べ放題にしましょう。

　チモシーはアメリカ合衆国やカナダから輸入されたもののほか、日本で生産されたものも販売されています。同じチモシーでも、刈り取った時期や産地、その年の天候などによって、固さや葉・穂の状態、栄養成分は変わります。

　チモシー以外にもライグラス、オーチャードグラス、クレイングラス、オーツヘイ、アルファルファなどの牧草があります。チモシーに比べると繊維質が少なかったり、糖分やたんぱく質が多めのものもあるので、メインの牧草としてチモシーをあげて、その他の牧草はおやつにするといいでしょう。なお、バミューダグラスは水はけがいいので、食用よりも敷き牧草として使うことが多いです。

　栄養価や繊維質の多さを考えると、与えるならチモシー一番刈りがおすすめ。二番刈り、三番刈りは柔らかくて食べやすいので、一番刈りを食べたがらない場合や、食べる牧草の量を増やしたい時に追加してあげるといいでしょう。

生牧草もモルモットは大好物。おやつや気分転換、食欲が落ちた時にあげましょう。

牧草の保管のやり方

- 直射日光に当たらない場所に置く。
- 温度・湿度が低く、できるだけ風通しのよい場所に置く。
- 買うときにはなるべく鮮度の高いものを選ぶ。
- 小袋に密閉し、乾燥材を入れるといい。
- 半年で使い切れないほど大量に買い込まない。

牧草の種類

■ チモシー一番刈り

モルモットに最もおすすめ。繊維質が豊富で、ほどよい栄養分を含んでいます。

■ チモシー二番刈り

一番刈りに比べると柔らかくて茎も細く、繊維質は少なめ。一番刈りを嫌がる子には二番刈りを試してみましょう。

■ ライグラス

茎が細くて全体的に柔らかめ。香りもいいのでモルモットは喜びますが、チモシーほどの繊維質はありません。

■ オーツヘイ

別名えん麦。ほかの牧草に比べると糖分が多めです。モルモットは喜びますが、腸に負担がかかるのであげるのは控えめに。

■ オーチャードグラス

別名カモガヤ。たんぱく質と脂質が多めです。柔らかくて食べやすいのですが、腸への負担を考えて、あげる時はおやつ程度にします。

■ クレイングラス

繊維質豊富でカロリーもたんぱく質も低め。カリウムが多めです。独特な香りがするので、好き嫌いは分かれます。

■ アルファルファ

マメ科の牧草。タンパク質やカルシウム、ビタミンAが豊富です。成長期や妊娠・授乳期、病気や高齢の時におすすめ。普段はおやつとして少量を。

■ 牧草キューブ（ヘイキューブ）

細かく切った牧草を固めてブロック状にしたものです。かじって楽しく食べられます。メーカーごとに原材料は違うので、詳しくは成分の確認を。

Chapter 3 モルモットの食事

The Guinea Pig　　　　　Food and diet

1日2回の主食、ペレット

モルモット専用をあげましょう

　ペレットとは、モルモットに必要な栄養分が摂れるように、さまざまな材料をまとめて粒状に固めたドライフードです。

　モルモット専用ペレットの特徴のひとつは、ビタミンCが含まれているということ。モルモットは体内でビタミンCが作れないため、食べて摂らなくてはいけないからです。ウサギ用など、ほかの小動物用ペレットを代用したりせず、必ずビタミンCが入っているモルモット専用ペレットをあげましょう。

　なお、ペレットに穀類や種子、乾燥野菜が混ざっているミックスフードもありますが、好きなものばかり選んで食べてしまうのであまりおすすめはできません。

　食事の基本は朝と晩の1日2回、決まった量をあげること。1日にあげる量の目安は10～20g。分量はモルモットの年齢、体調、ペレットの銘柄などで多少変わります。

穀類や種子、乾燥野菜も入ったミックスフードだと、好きなものばかり食べてペレットを残してしまうことも。

Chapter 3　モルモットの食事

モルモット専用ペレット

目安は毎日10～20gだよ！

形や固さ、原材料、含まれる栄養分は銘柄で違います。パッケージの記載をよく見て選びましょう。

モルモットセレクションプログルテンフリー／イースター

アメリカンペットティミーペレットモルモット用／アメリカンペットダイナー

ナチュラルサイエンスアダルトモルモットフード／OXBOW

ペレットの選び方

　ペレットを選ぶ時には、まずは原材料が何か確認します。栄養分がたくさん必要な成長期や妊娠・授乳期はアルファルファが主原料のものがよいでしょう。大人になったら、繊維質が豊富でタンパク質が少なめになっている、チモシーが主原料のものにします。

　ペレットは柔らかいものほど消化吸収が楽です。歯にトラブルがあったり噛む力が弱い時期、消化力が弱い時には柔らかいものをあげましょう。健康な大人なら、ほどよい固さのものを選びます。固過ぎるペレットは歯根を傷めることがあるので避けましょう。

ペレットを変える時には

お迎えしてまもない時期は、それまで食べていたものと同じペレットを、同じ量だけ与えます。新しいペレットに切り替える時は、急に全部取り換えるのではなく、少しずつ量を入れ替えながら慣らしていきます。

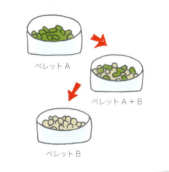

ペレット選びの目安

	固さ			原料		備考
	柔らかい	普通	固過ぎ	チモシー主体	アルファルファ主体	
健康な大人	×	○	×	○	×	
赤ちゃん	○	×	×	×	○	母乳を飲んでいる間はふやかしてからあげます。
成長期	○	○	×	△	○	離乳したら噛む力がつくまで、柔らかいものをあげます。
妊娠・授乳期	×	○	×	○	○	それまでのペレットの一部、または全部をアルファルファが主原料で、タンパク質とカルシウムが少なめのものに変えます。
病気・高齢で食欲が衰えた時	○	○	×	○	○	栄養価の高いアルファルファが主原料のものを足します。体調によっては多めに追加してもOKです。
歯が悪く食べにくい時	○	×	×	○	×	噛む力が弱ったら柔らかいものをあげましょう。

The Guinea Pig　　　　　Food and diet

野菜類は大事な副食

おいしく楽しく栄養摂取

食べることは生きる喜びを与えてくれます。中でも様々な食感や香り、味わいを楽しめる野菜類はモルモットにとって幸せの源であり、ビタミンCなどの栄養素も摂れる大切な食材です。

野菜類はペレットと同じく、毎日朝と晩の2回あげます。食べ過ぎると牧草やペレットをあまり食べなくなったり、フンがゆるくなることがあるので、与え過ぎには気をつけましょう。刻むと250mlくらいになる量が1日にあげる量の目安です。

野菜をあげる時には、農薬を残さないように流水でしっかり洗って水気を切ります。食べ残してしまったら早めに取り除いて、ケージの中をきれいに保ちましょう。

野菜は食べる意欲も引き出してくれます。

おすすめの野菜

パプリカ

ブロッコリー

いろんな種類を食べさせてね！

カリフラワー

チンゲンサイ

Chapter 3　モルモットの食事

052

少量をたまにあげてもいい野菜

少量ならあげたいビタミンCの豊富な果物

モルモットに あげたい野菜類

カルシウムを摂り過ぎると尿結石につながることがあります。そのため、ビタミンCが豊富で、カルシウム分は少なめの野菜がおすすめです。具体的にはカリフラワー、チンゲンサイ、ブロッコリー、パプリカなどです。多彩な栄養素が摂れるように、その他にも色々な野菜を少しずつあげましょう。

ハクサイやレタスは水分が多いので、食べ過ぎると軟便になることがあります。栄養価も高くないので、あげるのをやめるか、少量にしておきましょう。

果物は糖分が含まれているので注意が必要です。少しだけならあげてもいいでしょう。キウイやオレンジはビタミンCも豊富です。

なお、ニンジン、ホウレンソウ、シュンギク、キャベツ、キュウリなどにはビタミンCを破壊する酵素が含まれているので、たくさんあげるのはやめましょう。少しの量を時折あげる程度なら問題ありません。

The Guinea Pig　　　　　Food and diet

その他の食べ物

あげてもいい ハーブや野草

　ハーブや野草もモルモットは喜んで食べます。ただし薬効があるため、体に合わないものもあります。どんな効果があるかよくわからない野草やハーブは、あげないようにしましょう。

　タンポポやクローバーなど、外で摘んできて気軽にあげられる野草もあります。モルモットも摘み立ての野草はおいしいので喜びますが、くれぐれも農薬や除草剤がかかっていないものをあげてください。排気ガスや犬などのフン、おしっこで汚れているものも避けるようにしましょう。

食べられる野草

タンポポ

クローバー

オオバコ

ハコベ

レンゲ

ナズナ

食べられるハーブ

イタリアンパセリ

ルッコラ

バジル

野草は屋外で摘むこともできますが、ミニ家庭菜園もおすすめです。野草やハーブを鉢植えにしておけば、農薬や除草剤の心配をしないでいつでもあげることができます。

サプリメントはあくまで補助的に

普段はモルモット用ペレットや野菜を通じて必要な量のビタミンCを摂ることができます。ところが、病気の時や妊娠中・授乳期には、もっとたくさんのビタミンCが必要です。ビタミンCが豊富な食べ物を増やすだけでは不安な時は、サプリメントもあげると安心です。

その他にも、乳酸菌やマルチビタミンなどのサプリメントがあります。かかりつけの動物病院で相談して、必要であれば取り入れましょう。

サプリメントにはタブレット型と粉末タイプの2種類があります。それぞれに長所と短所があるので、あげやすいものを選びましょう。ただしサプリメントはあくまで補助的な食べ物。必要な栄養分はモルモット用のペレットや野菜類から摂るのが基本です。

ビタミンCのサプリメントの特徴

	長所	注意点
タブレット型	●おやつ感覚で食べられる。	●粒状に固めるため、純度は粉末タイプよりも低い。 ●穀類などが混ざっていることも。
粉末タイプ	●成分の90％以上がビタミンC。 ●混ぜ物が少ない。	●飲み水に混ぜて与えるが、水が酸っぱくなり嫌がる子もいる。

The Guinea Pig　　　　　Food and diet

食べさせてはいけないもの

危険な食べ物には近寄らせない

　モルモットは食べることが大好きなので、体に悪い食べ物でも喜んで食べてしまうことがあります。モルモット自身には危険かどうか判断できないので、有害なものや避けた方がいいものは絶対にあげないようにしましょう。

　人間には安全な食べ物でも、モルモットには害のあることもあるので注意が必要です。また、小動物用として販売されていても、砂糖が入ったドライフルーツやクッキーのようにモルモットの胃腸に負担を与えるものもあります。加工品のおやつはなるべく与えないようにし、あげるとしても原材料を確認するようにしましょう。

　ビタミンCが豊富で安全な野菜でも、古くなったり傷んでしまったものはよくありません。野菜は新鮮なものを与えるようにして、食べ残しは早めにケージから取り除きましょう。

避けたいエサ類

ナッツ類・ヒマワリの種

ナッツ類やヒマワリの種は脂肪分が多いので避けましょう。

炭水化物

トウモロコシや麦類などの炭水化物は、摂り過ぎるとお腹の調子を崩すことがあります。

観葉植物

食べ物だと思ってかじってしまうことがありますが、毒性のあるものも多いです。

その他

- ドライフルーツ（砂糖不使用でも糖度が高いことも）
- クッキー（小動物用でも避けた方が安心）

毒性のある野菜・食べ物

毒性のある食べ物には色々なものがあり、中にはトマトのように実は食べられてもヘタや茎はダメという場合も。トマトをあげるときにはヘタを取り忘れないようにくれぐれも気をつけましょう。

おやつや食事として与えなくても、目を離したすきに人の食べていたものや床に落ちたかけらを食べてしまうことも起こりえます。モルモットのそばで何かを食べるときにはモルモットが届かない場所に置き、床にも落とさないように注意しましょう。

代表的な有毒食材

ジャガイモの芽や皮

タマネギや長ネギなどのネギ類

ニラ

ニンニク

アボカド

トマトのヘタ・茎

チョコレート

コーヒー

葉、実、樹皮、種のすべてが危険です。

トマトは食べられる食材ですが、ヘタを除くのを忘れずに。

The Guinea Pig　　　　　　　Food and diet

理想のメニュー例

モルモットの基本のごはんは「主食＋副食」です。追加して、おやつを少しあげるのもいいでしょう。どんな組み合わせで食べさせればいいか迷ったら、このページを参考にしてメニューを考えましょう。

朝晩あげる主食類

ペレット
目安は
1回5〜10g。

牧草
チモシーを
食べ放題にする
のが基本。

水
朝晩、または毎
日新しいものを
たっぷりあげる。

たまにあげたい補助食

生牧草

or

サプリメント
（タブレット型）

or

野草・ハーブ

Food and diet

食べる量は
フンの状態などを見て
調整してね！

朝と晩に分けてあげる副食

- ●コマツ菜 ……… 1〜2枚
- ●サラダ菜 ……… 1〜2枚
- ●パプリカ ……… スライス1〜2枚
- ●セロリ ……… 短い1本またはスライス2〜3枚
- ●大根葉 ……… 1枚
- ●キウイ ……… スライス1枚

★あわせて刻んだ時の量が1日で約250ml

or

- ●サラダ菜 ……… 1〜2枚
- ●カリフラワー ……… 1房
- ●サツマイモ … スライス1枚
- ●ニンジン ……… スライス1〜2枚
- ●セロリ ……… 短い1本またはスライス2〜3枚
- ●リンゴ ……… スライス1枚

★あわせて刻んだ時の量が1日で約250ml

or

- ●チンゲン菜 ……… 2〜3枚
- ●キャベツ ……… 1枚
- ●ニンジン ……… スライス1〜2枚
- ●キュウリ … スライス1〜2枚
- ●ブロッコリー ……… 1房
- ●イチゴ ……… スライス1枚

★あわせて刻んだ時の量が1日で約250ml

or

- ●チンゲン菜 ……… 2〜3枚
- ●サツマイモ … スライス1枚
- ●カリフラワー ……… 1房
- ●パセリ ……… 小さい2〜3枝
- ●ミツバ ……… 小さい2〜3枝
- ●パプリカ ……… スライス2枚
- ●プチトマト ……… 1個

★あわせて刻んだ時の量が1日で約250ml

Chapter 3　モルモットの食事

Overview | Environment | Food and diet | Pet-sitting | Enjoy together | Daily health care

The Guinea Pig
Pet-sitting

chapter 4
モルモットのお世話

The Guinea Pig　　　　Pig-sitting

モルモットを迎えたら

モルモットのペースに合わせる

モルモットを自宅に迎えたら、最初にやることは新しい環境に慣れてもらうことです。キャリーからケージに移したら、なるべくかまわないで静かにしておきます。急にまったく慣れない環境に移されるとストレスを感じてしまうので、臭いがついている床材をもらってきて置いておいたり、それまで使っていたものと同

初日

ケージに牧草やペレットを用意しておき、モルモットが到着したら入れてあげましょう。モルモットも緊張しているので、そっと静かにしておきます。

2〜6日目

掃除やエサやりは手早く済ませます。同時にストレスで体調を崩していないか、フンの状態やエサの減り具合も見ておき、食欲が十分にあるかを確認します。

じ床材を使うといいでしょう。牧草、ペレット、野菜などの食べ物もできればそれまでと同じものをあげてください。

　掃除やエサやりをする時には、軽く声をかけるだけで手早く済ませましょう。まだ無理やり触ったりじっと眺めるのはやめておきます。

　ハウスの外でのんびりくつろぐようになって、慣れてきたなと感じたら、少しずつ距離を縮めていきましょう。

早く仲良くなるには焦らずに！

　モルモットが新しい環境に慣れるまでは、できるだけひとりにしておきましょう。最初に怖い思いをすると、長らく飼い主になつきにくくなることがあります。そんな時、焦ってかまうと余計に怖がらせてしまいます。お迎えをして1週間たっても、モルモットがくつろいだ様子を見せない時には、モルモットが慣れるのを待ち、ゆっくり仲良くなりましょう。

　なお、モルモットにも色々な性格の子がいます。馴れるのにどれくらいの時間がかかるかは、お迎えしてみないとわかりません。怖がりだったり用心深いのもひとつの個性。焦らずモルモットのペースに合わせましょう。

1週間目以降

リラックスする姿を見せるようになったら、なでてみたり、ケージから出して一緒に遊びましょう。怖がったらやめてケージに戻します。動物病院での健康診断もこの頃に済ませておくと安心です。

ゆっくりね♥

Chapter 4　モルモットのお世話

The Guinea Pig　　　　Pig-sitting

お世話のやり方

毎日の掃除と食事、健康チェック

■ 掃除は朝と晩の１日２回

モルモットはほかのペットに比べて、おしっことフンの量がとても多いです。そのため、ケージの掃除は朝と夜の1日2回やるといいでしょう。

掃除をしないで放置しておくと、おしっこで濡れた床材やフン、食べ物に雑菌が繁殖して臭いのもとになってしまいます。さらにモルモットに皮膚病や呼吸器などの病気を引き起こすこともあります。

なお、掃除をし過ぎてモルモットの臭いがまったくなくなるのも問題です。自分の臭いが少し残っている方がモルモットも落ち着きます。

掃除の手順

1 モルモットはケージの外へ

モルモットには掃除が終わるまで、キャリーかサークルの中で待っていてもらいましょう。

3 ケージ内を拭き掃除

ケージの中に残っているおしっことフンを取り除いたら、ケージの中を拭き掃除しましょう。

2 床材を捨てる

古い床材はすべて捨てて、新しいものに取り換えます。一見きれいな床材も、おしっこがかかっていることもあるので念のため取り換える方がいいでしょう。

4 新しい床材を入れる

ケージ内をから拭きしてから、新しい床材を入れてモルモットを戻します。

Pet-sitting

■食事も朝晩の1日2回

朝と晩の1日2回、お皿や給水ボトルを洗ってきれいにしてから、牧草やペレット、野菜類、水をあげましょう。水のぬめりなどを防ぐため、給水ボトルは飲み口だけでなくボトルの中まで洗います。

野菜類は食べ切れる分量だけ、ペレットは決まった量、牧草は食べたいだけ食べられるようにたっぷりとあげることが大切です（▶詳細はP48〜53）。

気づいたらやるといいこと

ケージの中にたくさんのフンが落ちていたら取り除き、牧草が少なくなっていたら足してあげましょう。野菜類を食べ残していたら、傷む前に早めに取り去ります。この時、モルモットの様子に変化がないかどうか軽く確認しておきましょう。

なお、ケージをずっといじっているとモルモットも落ち着きません。モルモットがストレスを感じない程度に、手早くやってあげましょう。

モルモットの口の中には1日のほとんど、食べ物や食べ物のカスが入っています。そのため、給水ボトルにも食べカスが入りやすいのです。毎日給水ボトルの中をよくすすいできれいにしましょう。

■健康チェックも欠かさずに

掃除や一緒に遊ぶ時に、モルモットの健康状態を確認しましょう（▶詳細はP94）。毎日同じ時間に確認して飼育記録に残しておくと、病気になった時に役立ちます。

また、長毛種は毎日のブラッシングも欠かせません。一緒に遊ぶ時に毛のもつれや毛に絡みついた汚れを取ってあげましょう（▶詳細はP70）。

毎日のケージの掃除は手早くね！

Chapter 4 モルモットのお世話

The Guinea Pig Pig-sitting

定期的な大掃除と健康管理やケア

■ **週に1度はケージとグッズの大掃除**

毎日の掃除は手早さが大切ですが、どうしても落としきれない汚れがたまっていきます。週に1回くらいケージと飼育グッズの大掃除をしましょう。毎週が難しいという人も、2週間に1度は行います。

大掃除の手順

ケージの場合

❶ ケージをばらす

モルモットをキャリーやサークルに移したら、ケージをばらしてバスルームへ。

❷ 隅々まで丸洗い

汚れが特にたまりやすいのはケージの縁や継ぎ目。意識して洗いましょう。

しつこい汚れは酢を活用

ケージの床などの落ちないおしっこ汚れには、酢を浸したキッチンペーパーを10〜20分貼っておきます。木製の飼育グッズにおしっこが浸み込んだら、水＋少しの酢につけ置きして。酢を使った後はスポンジでこすりながらよくすすぎ洗いをします。

飼育グッズの場合

● **ハウス**

ハウスも丸洗いしましょう。木のハウスは乾燥させやすいように、湿度の低い日に洗うのがおすすめです。黒カビなどが生えていたら新しいものに交換を。

● **給水ボトル**

毎日すすいでいても、中がぬめることがあります。コップ用の長いブラシに洗剤をつけて洗いましょう。確実に汚れを落としたい時には台所用漂白剤で殺菌します。水洗いして漂白剤を落とすのも忘れずに。2本の給水ボトルを交互に使い、洗うたびに中を乾かしておくとより衛生的です。

● **食器類**

陶器やステンレス製なら熱湯をかけて消毒しましょう。プラスチック製の食器は熱に弱いので、台所用漂白剤で殺菌してよくすすぎます。

■ 毎週体重測定を

健康管理のために、週に1度は体重測定をしておきましょう。一見元気そうに見えても、病気になって体重が急増・急減することもありえるからです。

測定に使うのはキッチンスケールで十分。スケールの上には布を敷くか体の収まる容れ物を置きます。

体重測定を嫌がったら、おやつや野菜で気を引いてみて。

■ 健康診断は季節ごとに

病気予防のために、季節ごとになるべく気候の穏やかな日を選び、動物病院で健康診断を受けましょう。なお、持病のある子は動物病院と相談して、次回の健康診断の時期を決めましょう。

■ その他の定期的なケア

季節の変わり目になり換毛が始まったら、短毛種もブラッシングをします（▶詳細はP70）。スキニーギニアピッグは毛がないので必要ありません。

春や秋になったら暑さ・寒さ対策を考えます（▶詳細はP68〜69）。特にスキニーギニアピッグは気温や湿度の変化に弱いので、細やかな配慮が必要です。

爪切りも定期的に行いましょう。伸びる速さはモルモットによって違うので、伸びたと感じたらカットしてあげましょう（▶詳細はP72）。

お世話のまとめ

毎日	ケージ掃除、食事の用意、健康チェック（飼育記録をつける）、ブラッシング（長毛種）
毎週	体重測定
毎週〜隔週	ケージと飼育グッズの大掃除
季節ごとに	病院での健康診断（持病がある子は次回の受診時期を動物病院と相談）、暑さ・寒さ対策を考える
様子を見て	爪切り、ブラッシング（短毛種）

お世話と一緒に毎日あそぼうね！

The Guinea Pig　　　　　　Pig-sitting

暑さ・寒さの対策

暑さ・寒さを和らげる環境作り

モルモットにとって、日本の夏は湿気っぽくて暑過ぎ、冬は寒過ぎます。さらに激しい寒暖差も苦手です。何も対策を取らないと、夏は熱射病や皮膚病、冬は呼吸器の病気を起こしやすくなりますし、体力を消耗して抵抗力も落ちてしまいます。普段のお世話にプラスして、暑さ・寒さを和らげる工夫をしましょう。

暑い時

扇風機を回す
床の冷え過ぎが気になったり、エアコンが効きにくい時には扇風機で空気を循環させる。ただしモルモットに直風を当てないで。

掃除はこまめに
気温が高くなると、雑菌が繁殖しやすくなるので、濡れた床材は早めに取り除く。

エアコンで温度・湿度を調節
温度と湿度はエアコンの設定に頼らず、ケージの湿温度計でも確認を。

ケージカバーの見直し
熱が外に逃げやすいように、カバーははずすか、薄手の布やすだれなどのすき間が多いものをかける。

体を冷やせるグッズを取りつける
アルミプレートなどをケージに入れて。エアコンを使っても暑いと感じたら、凍ったペットボトルなどをタオルに包んで、ケージの上や下、脇に置いてより涼しく。

ケージを置く場所の見直し
熱射病になったりケージ内が暑くならないように、直接日が当たらない場所に置く。

Chapter 4　モルモットのお世話

暑さ・寒さ対策を取らないと、体調を崩しやすくなります。

快適な温度と湿度

- 温度　18～24℃
（スキニーギニアピッグは約20℃）
- 湿度　40～60%

寒い時

加湿をする
湿度が40%以下になったら、加湿器を使ったり、濡れたタオルなどを干して加湿をする。

エアコンで温度・湿度を調節
夏と同じく、ケージのそばに置いた湿温度計を確認しながらエアコンで調整する。

ケージにカバーをかける
厚手の布や段ボールなどでケージを覆うと、熱が逃げにくくなる。かじって飲み込まないように、ケージから離して置くといい。

床材を厚めにする
牧草を厚めに敷くと床からの冷えが伝わりにくくなる。フリースなどを敷いているなら、厚めのものに取り換える。

ケージを置く場所の見直し
すき間風がないか、床からの冷えが伝わってこないか確認を。エアコンの直風も避けて。

体を温めるグッズを取りつける
ペットヒーターや、温かい布を使った寝袋を入れる。モルモットが低温やけどにならないように、ケージの中には暖かい場所とほどほどの場所を作る。

The Guinea Pig Pig-sitting

体のお手入れ

毛のお手入れ

毛のお手入れは、見た目をきれいにしてくれるのはもちろん、ダニやシラミなどの寄生虫や皮膚病などの発見にも役立ちます。特に長毛種には毎日のブラッシングが欠かせません。

● ブラッシングのやり方 ●

1 膝の上にひざ掛けなどを敷いて モルモットを乗せる

滑りにくく毛の飛び散りも防ぎます。

2 （長毛種のみ）手で毛をすく

毛の間のゴミを取り除きましょう。絡んだ毛はクシで優しくすいてほぐします。

3 おしりから頭に向けて 全身をブラッシング

毛の柔らかい小動物用ブラシで、毛並みに逆らうようにブラッシング。ハゲや赤み、寄生虫がいないかも確認を。

Chapter 4　モルモットのお世話

Pet-sitting

4 頭からおしりに向けて全身をブラッシング

今度は毛の流れに沿ってブラッシングします。3で浮き上がった毛を取り除くことができます。

5 （長毛種のみ）おしりまわりの毛を確認

長毛種はおしりまわりが汚れやすいので、確認を。クシでもほぐせないもつれはカット、ひどい汚れは濡れふきんなどで拭き取るか、入浴（▶詳細はP73）をさせて。

長毛種は毛のお手入れが必須！

長毛種が毛のお手入れをしないと…

- ▶毛がフェルトのように固まってしまう。
- ▶おしりまわりの毛におしっこがついたりフンが絡まって、不衛生になる。
- ▶皮膚病や毛球症になったり、固まった毛で身動きが取れなくなることも。

毎日適度なお手入れを！

- ▶毎日ブラッシングをすることで、全身清潔でピカピカに保てる。
- ▶おしりの毛が床につかないように、カットするか、カーラーなどで毛を留めると、さらに衛生的。

Chapter 4　モルモットのお世話

page 071

The Guinea Pig Pig-sitting

爪切りをする

爪を伸ばしっぱなしにしておくと、引っかかりやすくなったり歩きにくくなります。さらに足の裏に刺さったり、指が曲がってしまうことも。爪の伸びる早さはモルモットによって違いますが、1〜2カ月に1度は爪を切りましょう。

小動物専用の爪切りを使いましょう。

爪切りのやり方

1 モルモットを抱きかかえる

床に座り、モルモットを膝の上に抱っこします。脇から片手を差し入れたら、お腹を覆うように支えて抱きかかえましょう。

2 血管よりも1〜2mm先をカット

深爪をしないように、血管よりも1〜2mm先をペット用の爪切りでカットします。

どうしても自分で切れません

無理やり押さえつけて切るとモルモットがケガをすることもあるので、動物病院やペットショップで爪を切ってもらいましょう。

伸び過ぎて巻き爪になっちゃった！

巻き爪はペット用の爪切りではカットしにくいので、工具用のニッパーを使うか、動物病院で切ってもらうと安心です。

血が出てしまったら！

血管を切って血が出てしまったら、パウダータイプのペット用止血剤で止血しましょう。止血剤がない場合は、清潔なティッシュなどで傷口を押さえて、数分間、圧迫止血をします。それでも止まらない場合は傷口が深いことも。念のため動物病院で診てもらいましょう。

入浴の考え方

入浴は基本的には必要ありませんが、汚れがひどい時だけは洗ってあげたほうがいいでしょう。メリットとデメリットを考えて、むやみに洗うのは控えましょう。

入浴のルール

- 汚れがどうしても落ちない時だけ入浴させる。
- 耳の中に水を入れない。
- 人間のように長くお湯につけない。
- シャンプーは使わず、ぬるま湯で洗う。
- 手早く洗ってストレス減。
- 洗い終わったら毛の間までよく乾かす。

シャワーを怖がる子は多いので、シャワーは使わない方が安心。ぬるま湯を張った洗面器に入れてあげましょう。

■ ドライヤーでしっかり乾燥を

洗った後は、タオルで水気を取ってからドライヤーで乾かします。温風で火傷や熱中症を引き起こさないように、手で熱さを確認しながら、少し離して当てましょう。ドライヤーに時間がかかる場合は時々休憩を。表面が乾いても、毛の間までしっかりかけて乾燥させます。なお、ドライヤーを嫌がったら、無理やり当てずにおしりにかける程度にしましょう。

入浴のメリット・デメリット

メリット

- ▶ 毛のお手入れでは取り切れなかった汚れもきれいに落とせる。
- ▶ 一見きれいでも、おしっこなどが毛に染みついて臭う時には、臭いのもとの雑菌をきれいにできる。

デメリット

- ▶ 水浴びの習慣がないので、入浴でストレスを感じることも。
- ▶ 脂分が取れて肌が荒れやすくなったり、乾燥してかゆがる可能性も。
- ▶ 毛がパサパサになることがある。

The Guinea Pig　　　　　Pig-sitting

トイレトレーニングのヒント

モルモットはおしっことフンの量が多いので、もしトイレを覚えてくれたらより清潔に暮らしやすくなり、掃除も楽になります。ただし、同じようにトレーニングをしてみても、すぐにトイレを使うようになる子もいれば、まったく覚えられない子もいます。トイレトレーニングは覚えてくれたらいいな、という軽い気持ちで、気長に取り組みましょう。

効率的なトレーニングのやり方はまだわかっていませんが、成功した人に共通するやり方を紹介します。

トイレの選び方

ウサギ用トイレは網目の細かいものにするか、網を外してウッドリターなどを敷きます。縁のついた平皿などにウッドリターを敷くのもいいでしょう。海外では、使い捨てができるように、紙袋に牧草を入れる人もいます。

トイレトレーニングの進め方

1 おしっこの定位置を探す

モルモットは少し薄暗くて落ち着くケージの隅によくおしっこをします。おしっこの回数が最も多い場所にトイレを置きましょう。

2 トイレを食事場所にする

食べた直後にフンやおしっこをする子は少なくないので、牧草や給水ボトルはトイレから口にできる位置に置きます。

3 トイレにおしっこやフンの臭いをつける

おしっこの浸みた牧草類やフンをあらかじめトイレに入れて、おしっことフンの臭いをつけます。臭いを嗅いで、「おしっこやフンはここでしよう」と覚えることも。

4 たくさんほめる！

トイレにいたり、トイレを使ったらたくさんほめて、ご褒美におやつや野菜をあげます。

もぐもぐ＆トイレ中〜。

The Guinea Pig
Enjoy together

chapter 5
モルモットとの
暮らしを楽しもう

The Guinea Pig　　　Enjoy together

モルモットと仲良くなる

怖がらせないで気長に接しよう

モルモットの先祖はもともと集団で暮らしていました。そのためモルモットは社会性が高く、色々な声で鳴いたりボディランゲージをして意思を伝えるのが得意です。そのため、1人きりでつまらないような時には、「相手をして」と鳴いて訴えることもあるほどです。

その一方で、草食動物なので用心深く怖がりの一面もあります。モルモットと仲良くなりたくて、つい何度も見つめたり触ったりしたくなりますが、そのせいでモルモットを怖がらせてしまうことも。モルモットが馴れてくるまで、気長に接していきましょう。

接し方のポイント

声をかけてから近づく
お世話をする時や遊ぶ時には、モルモットを驚かせないように最初に声をかける。

声も動作も優しく穏やかに
ゆったり優しく接すると、モルモットも安心できる。

同じ時間帯に接する
毎日同じくらいの時間にお世話をしたり一緒に遊ぶと、モルモットもそれを覚えて楽しみにするように。

おいしいものを活用する
モルモットは食べることが大好き。接した時におやつや野菜を少しもらうと、「飼い主と触れ合う=いいことがある」と覚えてくれやすい。

触れる時には見える位置から
モルモットが予測できるように、モルモットから手が見える位置から触れる。

Chapter 5　モルモットとの暮らしを楽しもう

モルモットが嫌がること

　モルモットはストレスに弱く気の小さいところもあって、驚かされるのが嫌いです。そのため、モルモットと仲良くなるには怖がること、嫌なことは避けて、安心させてあげることが大切です。

　なお、モルモットは怖いと感じると、爪を立てて体を硬直させます。しばらくは凍り付いたように動きませんが、急に逃げようと走り出すことも。モルモットがこんな様子を見せたら、すぐに今の飼育環境ややっていることを見直すようにしましょう。

気をつけるポイント

✕ 大きな声や騒音

モルモットは聴力がすぐれています。急に大きな音がしたり、耳慣れない音がすると敏感に感じ取って落ち着かなくなってしまいます。

✕ 肉食動物や子ども

イヌやネコなどの肉食動物に会うのはストレスのもと。モルモットとは部屋を分けましょう。また、子どもがモルモットと触れ合う時には必ず大人が一緒にいるようにします。

✕ 無理やりかまわれる

急に抱き上げられたり、乱暴につかまれたり、追いかけられると、肉食動物に狙われているように感じて怖がります。また、気が乗らないのにしつこく触ったりかまわれるのもストレスの原因に。

ストレスを感じ過ぎると病気になっちゃうことも。ぼくらをあんまり怖がらせないでね。

The Guinea Pig　　　Enjoy together

仲良しになるプロセス

モルモットを怖がらせないように接していると、だんだん安心して、飼い主や環境に慣れていきます。ハウスの外でもくつろぐ姿を見せるようになったら、触れ合いを始めてみましょう。

スリスリ♡

触れ合いの進め方

1　まずは優しくなでてみよう

頭から背中に向って、優しく手のひらでなでてみましょう。怖がってビクッとする、手のひらから逃げようとする、歯を鳴らして怒る時はとても嫌がっているのでなでるのはやめます。

気持ちよさそうに目を細めたり、体をゆだねてきたら、気持ちを開いてくれた証拠です。

2　ケージの外で遊ばせよう

なでられて喜ぶようになったら、2〜3日ごとに30分くらい外に出してみましょう。ケージの外や飼い主に慣れるように、部屋を探索させます。部屋の中でも緊張しないようになったら、毎日出して遊ばせましょう。

3　膝に乗せてみよう

うれしそうになでられるようになり、ケージの外で遊ぶのに慣れたら、膝の上に乗せてみましょう。膝の上でおやつや野菜をあげると、膝の上はうれしい場所だと思うようになります。ただし、おやつのあげ過ぎには要注意。膝の上に慣れたら、マッサージや抱っこにも挑戦を（▶詳細はP82〜83）。

膝の上にタオルケットなどを敷くとモルモットがすべりにくくなる上、おしっこされても安心です。

Chapter 5　モルモットとの暮らしを楽しもう

モルモット・アンケート
飼い主さんにお答えいただきました

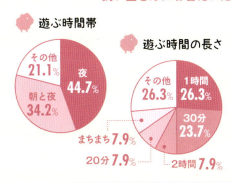

遊ぶ時間帯
- 夜 44.7%
- 朝と夜 34.2%
- その他 21.1%

遊ぶ時間の長さ
- 1時間 26.3%
- その他 26.3%
- 30分 23.7%
- まちまち 7.9%
- 20分 7.9%
- 2時間 7.9%

遊ぶ時間帯で一番多かったのが夜。朝と夜の2回遊ぶという人も全体の約1/3いました。時間の長さは1時間が一番多く、その次に多かったのが30分。生活に合わせて遊ぶ時間がまちまちという人や毎日20分だけ遊ぶ短時間集中型の人もいれば、1日中放し飼いで触れ合うという人も。モルモットと飼い主の両方に負担の少ない時間帯と長さを決めましょう。

4 好きな遊びを見つけよう

どんな遊びが好きかは、その子の性格や年齢、飼い主の生活によって違います。小動物用のおもちゃをあげてみたり、ほかのおうちの遊び（▶詳細はP88）を参考に、新しい遊びを開発しましょう。

5 幸せな時間を増やしていこう

毎日たくさん触れ合ううちに、モルモットの飼い主への信頼感は深まっていきます。飼い主によく馴れると、モルモットの方から「一緒に遊ぼう」と鳴いて催促するようになることも。大好きな遊びをしたり、一緒にくつろいで、豊かな時間を過ごしていきましょう。

遊びのアイデア

- 籐で編んだボール（セパボール）に野菜やおやつを入れると、転がすようになることも。
- 音に敏感な子には鈴の入ったおもちゃを与えてみる。
- 狭いところを通るのが好きな子には、トンネルくぐりがおすすめ。
- 活発な子には食べ物で誘って後を追いかけさせてみる。

Chapter 5 モルモットとの暮らしを楽しもう

The Guinea Pig　　　Enjoy together

安全な部屋で遊ばせよう

　ケージの外に出して遊ばせようとしても、部屋の中が危ないものでいっぱいでは安心して触れ合うこともできません。モルモットの目線で部屋の中を見直して、危ないものはないかどうかしっかりと確認してみましょう。なお、モルモットは高く跳べないので、30cm以上高いところには入り込めません。モルモットの目の高さで、床に近い場所を重点的にチェックしていくといいでしょう。

Chapter 5　モルモットとの暮らしを楽しもう

❌ **家具などのすき間**
頭の入るところならどこでも入り込めるので、ソファの下、家具や洗濯機、冷蔵庫、テレビなどの脇や裏側など、あらゆるすき間をふさぐ。

❌ **伝って登れそうな棚や家具**
落下の危険があるので近づけないで。

❌ **電気コード**
かじると感電の原因に。

❌ **口にしそうなもの**
観葉植物、タバコ、芳香剤、防虫剤、化粧品類は食べると中毒になることも。ビーズなどの小さい物やビニール袋は口にすると危険です。ハサミや刃物、電気ストーブやポットもケガの原因になるので取り除くこと。

❌ **人間の食べ物**
モルモットには有毒なものもあるので、床には置かないこと（▶詳細はP56）。クッキーやビスケットなどは食べると胃腸トラブルを引き起こすことも。

page 080

❌ 肉食動物

ストレスを与えるうえ、噛まれてケガをする可能性も。部屋を分けて飼育を。

♥ こんな場所が好き

体を隠すことができる、狭くて薄暗い場所が好き。イスやちゃぶ台の下など、いつもいる場所があったら、クッションや布を敷いてあげると喜ぶかもしれません。

部屋の中でおしっことフンをしたら

部屋で遊ばせていると、おしっこやフンをしてしまうことがあります。トイレのしつけは難しいので、粗相をするものだと思っておきましょう。汚れては困るカーペットや畳には近寄らせないか、トイレシートやおねしょマットなどでカバーします。

なお、おしっこやフンの臭いが残っていると繰り返しそこにしてしまうことがあります。汚されたくない場所におしっこやフンをされたらすぐに拭き取り、消毒用アルコールや酢水で汚れと臭いをしっかり取っておくと安心です。

❌ すべったり爪の引っかかる床

フローリングはモルモットにはすべりやすいので不向き。また、毛足がループになったカーペットは、爪を引っかけてケガをすることも。

ケージの外でもくつろぎ〜。

Chapter 5 モルモットとの暮らしを楽しもう

The Guinea Pig　　Enjoy together

マッサージで仲良くなろう

マッサージはモルモットと仲良くなりながら、健康チェックすることもできる便利なケア方法です。しかも抱き上げなくてもできるので、抱っこよりも嫌がられないで触れ合えます。なでられるのに慣れてきたら、遊びに取り入れてみるといいでしょう。ただし、飼い主になついていてもマッサージを嫌がる子もいるので、無理にマッサージをするのは×。痛みを感じないように、指の腹などを使ってソフトになでることを心がけましょう。

マッサージの手順

■ **マッサージの前に**

モルモットを床や広い台、膝に乗せます。布を敷くとすべりにくくなります。

なでてリラックスさせながら、両手で優しく全身に触れます。ハゲや湿疹、ケガなどがないか、体調も確認しましょう。

1 背筋のマッサージ

親指の腹を、首の後ろ側の背骨に沿うように置きましょう。おしりに向かって、そっと圧しながら指をすべらせます。

2 全身のマッサージ

手のひら全体を使って、頭のてっぺんからお尻に向かって包み込むようにゆっくりなでます。

3 首まわりのマッサージ

耳の後ろからあごに向かって、親指の腹でゆっくりとなでます。

4 背中のマッサージ

背中の肩甲骨のまわりを指の腹でなでます。背骨側からお腹側に向かって指をすべらせましょう。

Chapter 5　モルモットとの暮らしを楽しもう

5 首からあごのマッサージ

首まわりに手を置き、首からあごに向かってゆっくりとなで下ろします。

6 足のマッサージ

足の付け根からつま先に向かって、指先で柔らかく揉むようにマッサージします。

7 お腹のマッサージ

両脇からお腹に手を差し入れ、人差し指と中指、薬指を揃えます。下から上に向かって、指の腹で時計回りに円を描きます。

抱っこに慣れよう

かわいいとつい抱っこしたくなりますが、草食動物のモルモットにとって、抱っこは捕われたようにも感じる状態です。嫌がる子もいますが、健康チェックなどのためには不可欠なので、少しずつ抱っこに慣れてもらいましょう。

初めて抱っこする時は、膝に乗せるところからスタートしましょう。ひざ掛けなどを膝にかけてモルモットを乗せます。

抱っこのやり方

1 わき腹に両手を差し入れ持ち上げる

モルモットが落下してケガをしないように、抱っこする人は床に座ります。モルモットのわき腹に両手のひらを差し入れて体を包むように、そっと抱き上げましょう。

2 お腹をくっつけおしりと背中を支える

人のお腹にモルモットのお腹をくっつけ、片手でおしりと背すじを包み込み、もう片手を頭のそばに添えます。

座って抱っこすると姿勢が崩れても安心です。

The Guinea Pig　　　　Enjoy together

コミュニケーションを楽しもう

モルモット語を覚えよう

　モルモットは色々な鳴き声やボディランゲージを使って、仲間とやり取りをします。毎日モルモットと接していると、ちょっとした声や仕草から言いたいことが伝わるようになってくることでしょう。代表的なモル語を手がかりに、モルモットがあなたに何を言っているのか読み取りましょう。

　なお、おしゃべりなモルモットがいる一方で、あまり鳴かないモルモットもいます。たいていの場合、モルモットが飼い主になついていくにつれて、感情表現も豊かになっていくようです。モルモットの声やしぐさに「どうしたのー？」「おいしいねえ」などと返したり、体をなでたりして応えましょう。飼い主とのコミュニケーションを深めるうちに、モルモットは色々な声で気持ちを表現するようになりますし、飼い主もモルモットが伝えたいことがわかるようになっていきます。

ボディランゲージも得意

　モルモットは鳴き声だけでなく、色々なしぐさでも気持ちを表現します。甘えているのか、放っておいてほしいのか、おねだりしているのかなど、そのしぐさを上手に読み取ってあげましょう。

興奮・強い訴え

キュイー　キュイー

＝強い訴え
食べ物をおねだりする時によくこの声をあげます。とてもうれしい時、怖い時、嫌な時などにもこの声をあげます。いいことにしても嫌なことにしても、強く何かを伝えようとしているしるしです。

小さく跳ねる

興奮している表現。ぴょんぴょんと小さく何度も跳ねます。幼い頃はすぐにはしゃいでこのしぐさをすることがあります。怒って興奮した時や、嫌なことをされて抗議する時にやることもあります。

Chapter 5　モルモットとの暮らしを楽しもう

うれしい・楽しい・幸せ

クイッ クイッ
＝かまって！ 遊んで！
1匹で飼っている子がこの声をあげたら、寂しがっているサイン。声をかけたり一緒に遊んであげましょう。複数頭飼育をしていると、この声をあげながらほかのモルモットに近寄ることもあります。

人の手をなめる
くつろぎながら親しみを込めてするしぐさ。なでられてうれしかったり、甘えている時によくします。

人の足や体にくっつく
なついた人に見せるしぐさ。くっついて寄りそうことで、のんびりくつろいでいます。一緒にリラックスしてゆったりと過ごしましょう。

飼い主の方に寄って来る
親愛の気持ちや、遊んでほしい、大好きといった気持ちを表現しています。不安な時に守ってほしくて寄って来ることも。

頭を手に押しつける
ここをなでて、という意味。甘える気持ちや、心地いいことを伝えています。たくさんなでてあげてください。

ホニョホニョホニョ / プイプイプイ
＝ご機嫌、おねだり
機嫌がよくて楽しい時にはつぶやくように鳴きます。ケージから出してほしい、遊んでほしい、その食べ物ちょうだい、など元気におねだりする時に、大声で「プイプイプイ！」と鳴き出すことも。

膝に乗る
自分から膝に乗ってきたら、遊んだりかまってほしいサイン。大好きな相手にだけ見せる表現です。

後ろ足を伸ばして寝転ぶ
心の底からリラックスしきったしぐさ。後ろ足はそのままで座ってみせることも。

ルルルルル〜
＝うれしい、心地いい、求愛
喉を小さく鳴らして出す声で、なでられたりおいしいものをもらってうれしい時などに鳴きます。食べていてこの声をあげたら「おいしいな〜」という意味。オスがメスに求愛する時にもこの声を出します。

Chapter 5　モルモットとの暮らしを楽しもう

The Guinea Pig　　　Enjoy together

嫌だ・怖い

＝恐怖、怒り

サイレンのように大きく、高い声をあげます。非常に嫌がっている証拠なので、何が嫌なのか見つけて取り除いてあげましょう。

＝警戒

喉を鳴らして出す声で、警戒していることを表しています。人の耳には何も聞こえなくても、すぐれた聴覚で不審な音を聞きつけてこの声を出すことも。

 歯をカツカツ鳴らす

怒りの表現。イライラしているので、しつこく怒らせないようにしましょう。

頭で手を押しのける

放っておいてほしい時の表現。機嫌が悪い時や、嫌なことをされた時にします。たくさんなでてもらって満足して、もういらない、という意味でやることも。

 爪を立てて凍り付く

恐怖で全身を緊張させておびえています。毛が逆立ったり、体を低く縮ませることもあります。緊張して強いストレスを感じているので、落ち着くように怖がっているものを取り除きましょう。

 ケージの隅に駆け込む

怖い、驚いた、パニックなどを意味します。興奮のあまりそのまま小さくジャンプすることもあります。

Chapter 5　モルモットとの暮らしを楽しもう

ぼくらの気持ちわかった？　　わかったー？

いろんな遊びを楽しもう

　モルモットと遊ぶといっても、イヌのように投げたボールを拾ってきたり一緒に走り回ることはできません。体をなでたり、おやつなどをあげたり、くつろぐ姿を見てほのぼのと和むのが中心になります。その一方で、中にはおもちゃなどを使ってオリジナルの遊びを開発したり、自分で遊んでみせるようになる子もいます。海外では、トンネルくぐりやスラロームなどの障害物で遊ぶうちに、レースに参加するようになる子さえいるのです。

　どんな遊びや触れ合いを喜ぶかはモルモットの性格にもよります。モルモットとあなたに合う楽しい遊びを探してみてください。

モルモット・アンケート
飼い主さんにお答えいただきました

おもちゃはありますか？

- ある 25%
- ない 75%

- かじり木
- 牧草ブロック
- 小動物用の果物の枝
- 牧草を編んだかじるおもちゃ
- 紙袋
- トンネル

　おもちゃを使っていない人はなんと75％！　以前はおもちゃとしてケージにかじり木を設置していたものの、使わないので取り外したという人もいました。また、おもちゃを使っていたという人のうちのほとんどが、かじり木や牧草ブロック、枝などのかじるタイプのおもちゃを使用。その他、モルモットが隠れたり通り抜けるための紙袋、トンネルなどを使っている人も。

一緒にどんな遊びをしますか？

- 1位　なでる、マッサージ
- 2位　抱っこ、おやつをあげる
- 3位　牧草や野菜での綱引き

　なでたり、抱っこしたり、おやつをあげたりとモルモットとはのんびり過ごすという人がほとんど。牧草や細長い野菜をくわえさせて引っぱる綱引きも人気です。その他ランク外には、運動不足にならないように、おやつや牧草を見せて部屋を走らせている人や、添い寝で一緒にテレビを見る人、部屋のあちこちに野菜を置いて宝探しをさせる人もいました。

The Guinea Pig　　　Enjoy together

わが家の遊び

　モルモットと暮らすうちに、その子の好きなことや喜ぶことがわかってきて、遊び方も見つけやすくなります。

　モルモットの性質を利用すると、より楽しく遊べるかもしれません。モルモットは食べるのが大好きなので、セパボールにおやつなどを入れると、追いかけて遊ぶようになることがあります。音にも敏感なので、鈴の音がするおもちゃに反応することも。

　今回、6人の飼い主さんから遊びを紹介していただきました。遊び方に悩んだら、ぜひ参考にしてください。

綱引き

コテツくん、まさむねくん、ゴエモンくん、茶々ちゃん／ししょう。さん

生チモシーや野菜をよくくわえさせて、引っぱりっこして遊んでいます。どの子も一生懸命踏ん張って、鼻の穴が膨らんでぶちゃいくな顔になるのがかわいいのです！

飼い主の体でアスレチック

るもちゃん／ヒロさん

るもはまだ生後3カ月なのでとても活発。部屋で遊ばせる時には、モルモットがいつも走るルートに寝転がります。するとるもは私の体の上を通っていくので、そのままアスレチックになって遊ばせています。

ボール遊び

じゅんすくん／げっぱloveさん

うちにいる3匹のうち、この遊びをするのはじゅんすだけ。2歳頃からガチャガチャのケースに鈴を入れて転がしてあげると、鼻先で転がしてくれるようになりました。今では猫用のボールや、手の平サイズの丸い物でも遊びます。

晩酌のお伴

茶緒ちゃん／モルパパ（@ moru-papa）さん

毎晩20〜22時くらいに晩酌につき合ってもらっています。茶緒は僕の膝に乗ってテーブルの乳酸菌を食べ、僕はビールを片手におつまみを食べてのんびり。もちろん人間の食べ物には届かないように気をつけています。

おまわりとお手

きんときくん／MORPHEUSさん

くるっと回るたびに野菜をあげて、おまわりを教えました。上手にできるようになって、最近ではさらにお手に挑戦。遊びながらおやつをもらえてほめてもらえるので、きんときもうれしいみたいです。

話しかけられてうっとり

ウリウリちゃん／ナリコさん

膝でおやつをあげたり、なでたり、一緒にソファで寝転んだりしながら、いつも話しかけています。声のトーンをあげたり、「かわいいねぇ」など心地いい言葉をかけると、目を細めてうっとりしています。

モルモット同士の遊び

　モルモットを複数頭飼うのは、初心者にはおすすめできませんが、ベテランの飼い主さんの中には複数頭のモルモットと暮らしている人もいます。おしゃべりをしたり追いかけっこをしたりと、モルモット同士で遊ぶ姿は和み度満点ですし、社会性の高いモルモットにとって仲間とのやり取りがストレス解消に繋がることも。飼育上級者になったら、多頭飼いを検討するのもいいかもしれません。

Chapter 5　モルモットとの暮らしを楽しもう

The Guinea Pig　　　Enjoy together

モルモットグッズあれこれ

　モルモットが大好きになると、自然とモルモットグッズに目が引き寄せられるようになってきます。モルモットの雑貨はモルモット関連のお店やペットショップ、ネット通販、各種イベントなどで手に入れることができます。その多彩さやかわいらしさをぜひ楽しんでください！

Chapter 5　モルモットとの暮らしを楽しもう

- モル布（財布）／popcorn jump
- Patty&Runrun イヤリング
- イヤリング／ELICA
- 彫紙アート／げっぱ love
- ねんねの平皿／Kunuginoco
- ホッカムリニスト・バッジ／MORPHEUS
- モルモットブローチ（Y）／Motoko Sasaki
- モルモットカードケース（ピンク）／Motoko Sasaki
- モルネーズ絵ハガキ／MORPHEUS
- モルモット用帽子

＊モルモット＆小動物雑貨屋「パティ＆ルンルン」（https://www.instagram.com/pattyandrunrun/）にて取り扱い。

Enjoy together

もるたろうピアス
thuthu appetizing accessories

もるぞうネックレス
thuthu appetizing accessories

ふかふかベッドM／moroom

あみぐるみ
ポップ♪ペる

ゆで卵入れ／Quail

寝袋
上：MOJA
下：moroom

モルモット衛兵の置物／Quail

塩コショウ入れ／Quail

Chapter 5　モルモットとの暮らしを楽しもう

★モルモット雑貨カフェ「もる組」（http://www.morugumi.jp/）にて取り扱い。

The Guinea Pig
Daily health care

chapter 6
毎日の健康管理

The Guinea Pig　　　　Daily health care

健康のためにできること

日々の健康管理

■ 毎日、健康状態の確認を

モルモットは病気になっても、見た目からは症状がわかりにくい動物です。体調が悪くても普段と違う様子をなかなか見せようとしないからです。ぐったりしたり食欲がなくなるなど、わかりやすい症状を見せるようになった頃には病状が深刻になっていることも。少しでも早く気づけるように、毎日の健康管理に気を配りましょう。

■ 飼育記録をつけよう

健康状態をきちんと把握するために、普段の様子を日頃から観察しておきましょう。箇条書きでもいいので飼育記録をつけるといいでしょう。毎日だいたい同じ時間帯の様子を記入しておくと、体調の変化がわかりやすくなります。飼育記録には、その日の食事メニューと量、飲んだ水の量、体重、モルモットの様子、お世話の内容、その他気になったことなどを書きます。

ノートにまとめたり、携帯電話のアプリを使ったり、ブログを利用したりと自分の続けやすい方法で行いましょう。

毎日チェック！　健康リスト

▶体調に問題はないかどうか、毎日このリストで確認しましょう。

- □ 目が生き生きとしているかどうか
- □ 毛の状態（毛並みや毛づや、毛玉がないかなど）
- □ シラミやダニはついていないか
- □ 傷やケガ、ハゲができていないか
- □ フンの形や量、硬さ、臭いはどうか
- □ おしっこの量や色がいつもと変わらないか
- □ 歩き方や動きに変わりはないか
- □ 呼吸が乱れたり荒くはないかどうか

病院に行く時にはこの飼育記録が役立つよ！

成長ごとの健康管理

■ 赤ちゃん～子ども期

赤ちゃんの健康を守るためには、免疫力を養う母乳が欠かせません。母乳が十分に足りていて成長していれば、1日当たり3.5～7gずつ増えていきます。数日おきに体重を確認しましょう。

体が小さいうちは大人よりも気温や湿度の影響を受けやすいので、暑さ・寒さ対策はしっかりと整えます。

なお、メスは生後4～6週間くらい、オスは生後5～10週くらいで性成熟を迎えます。

■ 成年期

季節ごとに動物病院で健康診断を行います。普段から新鮮で栄養豊富な食べ物をあげて、抵抗力を養いましょう。体重測定も週に1度は行います。肥満になりそうな時はケージの外で遊ぶ時間を増やして適切な運動を心がけましょう。

■ 老年期

モルモットは3歳くらいから徐々に老化が始まると言われています。病気ではないのに耳が遠くなってきたり、視力が落ちたり、筋肉が減って骨ばったり逆に肥満になったり、毛づやが悪くなってきたら老化のサインです。

食が細ってきたら好物や生牧草、香りのいい野菜などで食欲を誘ってあげましょう。逆に肥満になったら、カロリーが低くて栄養豊富な野菜をたっぷりと与え、ペレットの量を調節します。

じっとして過ごすことが増えるので、爪も削れにくくなります。爪切りの頻度を増やしてあげましょう。また毛づくろいが行き届かなくなってくるので、お手入れにも気を配ります。

赤ちゃん期

子ども期

成年期

老年期

特に抵抗力が弱く注意が必要なのは赤ちゃん期と老年期。子ども期・成年期には適切な食事と運動、清潔な環境を整えて健康な体を作り、維持していきましょう。

The Guinea Pig　　　　Daily health care

病院を上手に利用しよう

病院を探す

モルモットをしっかり診られる動物病院は限られています。モルモットに詳しい動物病院を見つけて、かかりつけにしておきましょう。

病院情報を集めるには、まずモルモットを飼っている友人やモルモットを譲ってくれたブリーダー、ペットショップに聞いてみるといいでしょう。インターネットで探すのも便利です。「エキゾチック診療」ができる動物病院なら、たいていはモルモットの診察をしています。

モルモットはストレスに弱いので、犬や猫とは診察時間が分かれているか、犬や猫は診ない病院に通えたら理想的です。また、診察時間を予約できる病院も、長時間待たなくて済むので安心です。通院がストレスにならないように、できるだけ近場の病院を見つけましょう。

病院に行く準備

診断の手がかりとなるように、飼育記録を持参します。フンやおしっこに異常がある時には、できるだけ新鮮なフンとおしっこも持っていきましょう。

キャリーの中にはいつでも食べられるように、牧草や野菜を入れておきます。移動中に水をあげるとキャリーの中が濡れることがあるので、水は待ち時間にあげましょう。牧草や野菜、ペレットを多めに持っていくと、汚れた時に換えたり、待ち時間にあげることができます。

できるだけフンに触れていないおしっこを清潔なビニール袋に入れます。おしっこがトイレシートに沁み込んでいたら、シートごと持参しましょう。フンは形が崩れたり乾燥しないように、プラスチックのケースに入れるといいでしょう。

モルモットは移動中もフンやおしっこをします。トイレシーツと床材の予備も持参して、ひどく汚れたら取り換えましょう。なお、キャリーの代わりに段ボールを使うと、おしっこで湿って底が抜けたり、かじって穴を開けることも。できるだけ小動物用キャリーを使いましょう。

通院と診察時の注意

モルモットにストレスを与えないで済むように、キャリーはできるだけ揺らさないようにします。肩にかけたり片手で持つと揺れやすいので、両手で抱えて移動しましょう。移動時間もストレスになるので、少しでも早く到着できるように最短距離で移動しましょう。

診察の際には、持参した飼育記録や、場合によってはフンやおしっこなども渡します。気がかりなことや疑問は遠慮なく聞きましょう。家での介護のやり方や気をつけることなども聞いておきます。

寒い季節や暑い季節は、キャリー内の温度調節にも気をつけます。暑い時期には、キャリーの上に保冷剤を貼りつけたり、布で保冷剤を巻いてキャリー内に入れるといいでしょう。寒さ対策としては、キャリーを布バッグに入れる、使い捨てカイロをキャリーの外側に貼りつける、牧草をたくさん入れておくといった方法があげられます。温めすぎないよう移動中は確認を。

The Guinea Pig　　　Daily health care

モルモットの症状と病気

モルモットと病気

モルモットの病気には皮膚病から消化器関係の病気、歯の異常、生殖器の病気など、さまざまなものがあります。飼育環境や食べ物が原因で病気になることもありますが、どんなに気をつけていてもストレスから体調を崩すこともあります。飼い主であっても病気の初期症状には気づけないことも珍しくないので、違和感を感じたらすぐに、動物病院で診てもらうことが大切です。

もしもの時に病気に早く気づくために、モルモットに起こりうる症状と、考えられる病気について知っておきましょう。

あまり食べない・食べる量が減る

モルモットは食欲旺盛な動物です。急に食欲を見せなくなったら、病気を疑った方がいいでしょう。原因の1つとしては、歯が伸び過ぎて噛み合わせが悪くなる不正咬合が考えられます（▶詳細はP104）。その他にも、胃腸のうっ滞などの消化管や腸の病気、腫瘍、炎症、妊娠中毒症など様々な病気から食欲不振に陥ります。

モルモットは仲間が食べるのを見ると食欲がわきやすいと言われています。病気からの回復期で食欲が戻りにくい時には、飼い主がケージのそばでごはんを食べてみせるのもおすすめです。

フンが小さい、いびつ・量が少ない

フンが小さかったりいびつになったら、胃腸の働きが低下（うっ滞）しているのかもしれません。うっ滞は歯のトラブルやストレス、腎不全など様々な原因から起こります。誤飲した毛玉や布などが詰まって起こることもあります。症状が進むとガスが大量に胃腸にたまることもあります（鼓腸症）。その他にも病気で体調を崩し食欲が落ちると、フンのサイズや形、量は変わります。

フンの変化を感じたら、肛門を確認することも大切です。高齢のオスは便秘になりやすいと言われていて、原因は不明ですが、肛門付近にフンが大量に詰まってしまうことがあります（直腸便秘）。

普段からフンが小さかったり、形がいびつだったり、量が少なかったら、食べ物が原因かも。繊維質を十分摂ってるか、炭水化物や糖分を摂り過ぎてないか考えてみて。

便が水っぽい
下痢や軟便

　下痢や軟便は重い病気が原因となることもあれば、食べ物が引き起こすこともあります。脱水症状になることもあるので、動物病院で早めに診察を受けましょう。

　下痢や軟便になる感染性の病気としては、サルモネラ菌や結核菌、大腸菌などがあげられます。こうした病気になると、ぐったりしたり食欲が落ちる、体重が激減するなどの症状も同時に見られます。

　コクシジウムやクリプトスポリジウムなどの寄生虫が原因になることもあります。闘病中に使った抗生物質のせいで、腸内細菌のバランスが崩れて下痢になることもあります。

　病気以外にも、水気の多い野菜、パンや麦、米などの糖質を取り過ぎたり、繊維質が不足すると下痢や軟便になります。

　また、抗生物質の副作用で腸性毒血症を起こしてひどい下痢になったり、強いストレスから軟便になることもあります。

おしっこの色が濃い
頻尿、量が減る

　モルモットはよく膀胱炎や尿道炎を起こします。膀胱炎や尿道炎になると、血尿をすることがあります。薄いピンク色から真っ赤なものまで、その色は様々。おしっこを少しずつ何度もしたり、おしっこのたびに痛がって鳴くこともあります。

　尿石症になった時も頻尿になったりおしっこが出にくくなり、血尿が見られることもあります。なお、膀胱炎や尿道炎と、尿石症の両方になることもよくあります。

　腎不全が進んだ時や膀胱に腫瘍ができた時も、おしっこの量が増減したり、異常が見られるようになります。また、子宮腫瘍が進むと陰部から血が出るため、血尿が出たと勘違いされることがあります。

　その他の病気でも、食欲が衰えて水を飲まなくなるなどの理由でおしっこが減ります。フンやおしっこの状態は健康のバロメーターと言えるでしょう。

Chapter 6　毎日の健康管理

健康的なフンはふっくらと丸みを帯びていてつややかで、ほどよく乾燥し、形も均一だよ。細長かったり先がとがっていたり、べたついたり、血が混じっていたら要注意。

健康なモルモットでも赤っぽいおしっこをすることがあるよ！　血尿かどうかは検査をしないとわからないけど、いつもと違うおしっこには注意してね。

The Guinea Pig　　Daily health care

鼻水

　鼻水には透明でさらっとしたものと、ねばっこく着色したものとがあります。熱射病になりかけたり結膜炎などになると、ほかには症状がないまま、さらっとした鼻水が出ることがあります。こうした鼻水は治療すればすぐに落ち着きます。ただし、アレルギー性鼻炎で鼻水が出る場合は、ほこりなど、アレルギーの原因を取り除く必要があります。

　問題なのは細菌性の鼻炎や肺炎など、細菌に感染して起こる鼻水です。こうした鼻水はさらさらの場合もあれば、ねばっこくて色がついていたり、血が混じっていることもあります。細菌感染で鼻水が出る場合は、食欲不振や咳、くしゃみ、血尿などの症状もよく一緒に起こります。

皮膚の赤みや腫れ かゆみ、フケ

　いつまでもかゆそうにしていたり、皮膚に赤みやカサブタ、たくさんのフケなどの異常が見られたら、皮膚病の可能性があります。皮膚病は、ダニやシラミなどの寄生虫や真菌（カビ）、細菌、ウイルスなどの感染で起こります。ほかのモルモットにかまれた痕や傷に炎症が起きて、赤みや腫れなどが見られることもあります。

　足裏だけに赤みや腫れ、しこりなどがある場合は、足底皮膚炎かもしれません。床材が足に合わない、肥満、不衛生な飼育環境などが足底皮膚炎を引き起こします。金網や固すぎる床のケージを使ったり、固くて尖ったウッドチップを敷いているとなりやすいので注意しましょう。

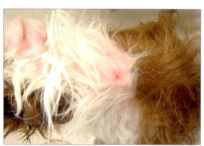
ダニが原因で薄毛になった例。

ねばりや色がついた鼻水が出ていて、ほかにも症状がある時は、一刻も早く動物病院を受診してね！

皮膚の異常を放置しておくとかゆさの余りかき壊したり、炎症を起こすことも。また、さらに症状が進んで薄毛になる可能性もあります。早めに動物病院で診てもらってね。

薄毛やハゲ

皮膚に異常がなく毛が抜けるケースとしては、ところどころ抜ける場合と、左右対称に抜ける場合に分けられます。

ところどころ抜ける場合は、ビタミンC不足やストレスが原因かもしれません。また、飼育環境が合わなかったり、繊維質が不足したり、複数頭飼育でストレスがたまると、自分やほかのモルモットの毛をむしってしまうことがあります（毛刈り行動）。そんな時には飼育環境や食べ物を見直し、複数頭飼育であれば薄毛やハゲの子は別のケージに移してみましょう。

左右対称に毛が抜けるのは、たいていは卵巣嚢胞などの病気で性ホルモンが異常分泌して起こります。妊娠末期や産後直後も左右対称に毛が抜けることがあります。その場合は栄養が足りているか見直します。

皮膚病やビタミンC不足になると、ほかの症状とあわせて毛が抜けることがあるよ。

毛づやが悪い 毛がゴワゴワになる

モルモットの毛並みは健康のバロメーターの1つです。健康なモルモットは毛の状態がよく、毛づくろいもしっかりできるからです。その一方で、体調を崩すと毛並みはボサボサになり、手触りもゴワゴワになっていきます。

寄生虫やビタミンC欠乏症（▶詳細はP104）、リンパ腫、腎不全、不正咬合など、あらゆる病気から毛づやや毛並みは悪化します。糖尿病の場合は、特におしりまわりの毛がべたついて汚れます。

なで心地が変わったと感じたら、ぼくの健康状態に気をつけてね！

できもの、しこり

触っていてしこりやコブに気づいたとしたら、良性のおできから転移性の腫瘍や膿瘍まで色々な可能性が考えられます。

転移しない良性の腫瘍（毛包上皮腫や脂肪腫など）、表皮嚢胞などは手術で切除するだけで治療が終わります。問題は悪性の腫瘍や膿瘍（膿がたまったしこり）です。手術で取り出しても、癌のようにあちこちに転移することがあるからです。いずれにしても、様子を見続けているだけでは症状が進んで手術もできなくなることも。早めの発見と治療が大切です。

メスだけじゃなくてオスでも、乳腺炎や乳腺腫瘍になって乳首の周りにしこりができることがあるよ！特に乳腺腫瘍は性別に関係なくよく起こるんだって。

The Guinea Pig　　　　Daily health care

よだれ

　不正咬合（▶詳細は P104）が進んで伸び過ぎた歯が口の中を傷つけるようになると、痛がって口が閉じられなくなりよだれが出るようになります。鼓張症でひどく痛んで苦しんでいる時にもよだれが見られます。重い熱中症やショック状態、てんかんなどの発作、けいれんなどで意識を保てない時にもよだれが出ることがあります。

健康なモルモットはよだれを垂らさないよ。よだれが出ていたら、何かのトラブルが起きていると考えてね。

咳やくしゃみ　荒い呼吸

　咳やくしゃみを繰り返したら、まずは鼻炎や肺炎などの呼吸器の病気が考えられます。鼻炎や肺炎の場合は、鼻水や目やにが出ていることも。症状が重くなるにつれて、荒い呼吸も見られるようになります。
　咳やくしゃみはなく、荒い呼吸が続くとしたら、その他の病気かもしれません。重い熱中症にかかると、呼吸が荒くなり全身が大きく揺れるように呼吸をします。心臓の病気で酸素が全身にうまく送り届けられていない時にも呼吸は荒くなります。その他、ひどい痛みを感じている時、腎不全などの内臓の病気の時など、様々な原因から呼吸は荒くなります。荒い呼吸が続き、足裏が暗い紫色になったら、血液中の酸素が少なくなっているのかもしれません（チアノーゼ）。命に関わるので、一刻も早く診察を受けましょう。

ペレットや牧草の粉が鼻に入ってくしゃみをすることもあるだろうけど、何度もくしゃみや咳をしてたら病気を疑ってね。

目やに、涙、目のにごり

　いつも目やにが見られたら、角膜炎や結膜炎、乾性角結膜炎（ドライアイ）などの目の病気かもしれません。こうした病気で涙が増えると、目のまわりの毛がべたついたり、眼球がにごることがあります。肺炎や鼻炎などの呼吸器の病気でも、目やにが出ることがあります。
　また、白内障になると眼球は白くにごっていきます。モルモットの場合、白内障は治せませんが、目が多少にごっても視力はそれほど衰えないこともあるようです。

高齢になると起こりやすい白内障。遺伝や糖尿病、アスコルビン酸の不足でも起こると言われています。

歩き方がおかしい 元気がない

　元気がなくあまり動かなかったり、歩き方に違和感がある時には、足や指などをケガや骨折している場合と、体調が悪くて元気がない場合が考えられます。

　モルモットが足や指を骨折する一番の原因は、高いところからの落下です。飼い主に誤って踏まれたり、また、金網やすき間のあるスノコ、カーペットや布などに足や指を引っかけて骨折することもよくあります。骨折に至らなくても、爪が折れたりはがれることは珍しくありません。

　体調が悪くて動きたがらない時には、ありとあらゆる病気が考えられます。ほかの症状はないか、呼吸の状態や毛並み、フンやおしっこの状態などを確認しましょう。なお、膀胱炎になると、なかなかおしっこが出ないために、動く元気はあってもいつもの排泄場所からなかなか動こうとしないこともあります。

体重の減少

　体重が減る一番の原因は、食欲不振です。胃腸のうっ滞や腸炎、便秘のような消化器系の病気になると、必ずといっていいほど食欲は低下して体重が減少します。不正咬合も体重の減少に繋がりやすい病気です。症状が進むと、食欲があっても噛み合わせの悪さから食べられなくなってしまうからです。その他、肺炎や気管支炎などの呼吸器の病気、尿石症や膀胱炎などの泌尿器の病気、妊娠中毒症、腫瘍、心疾患、甲状腺機能亢進症など、ありとあらゆる病気が体重の減少を引き起こします。

　なお、モルモットは高齢になると筋肉量が落ちていきます。そのため健康であっても若い頃よりは少し体重が軽くなることも。ただし、筋肉量が落ちてもよく食べたために、逆に太っていくこともあります。

お年寄りモルモットはじっとして過ごすことが多いけど、老いのほかに、関節炎で動き回れない時もあるんだって。

毎週1回、体重測定をして変化をチェックしてね！

The Guinea Pig　　　　Daily health care

モルモットを飼うなら知っておきたい病気

ここでは、モルモットによく見られる病気と、人に感染する可能性のある病気について紹介します。ぜひ覚えておいて、予防を心がけましょう。

ビタミンC欠乏症

モルモットと暮らすうえで、ぜひ知っておきたい病気が「ビタミンC欠乏症」です。ビタミンCは、血管や皮膚、粘膜を健康的に維持していくために欠かせない栄養素です。たいていの哺乳類は自分の体内でビタミンCを作り出せます。ところが人間とサル、一部のコウモリ、モルモットはビタミンCを体内で作ることができず、食べて補給しています。

モルモットは、ビタミンCを約10〜15日間補給しないでいると、ビタミンC欠乏症を発症してしまいます。この病気になると、毛並みの悪化や、体重の減少、食欲不振、下痢、体重の減少などの症状を見せるようになります。症状が進むにつれて、関節周辺には内出血が起きて関節痛も起こします。動くとあちこちが痛むため、足をひきずったりじっとしていることも増えていきます。

この病気は、食べ物を通じて十分な量のビタミンCを食べるだけで防げます。モルモットに合った食事を用意してあげましょう（▶詳細はP47）。

不正咬合

モルモットの歯は一生伸び続け、牧草などの繊維質豊富な食べ物をすりつぶして食べることで擦り減るようになっています。ところが、繊維質豊富な食べ物が不足すると歯が伸び過ぎて噛み合わせにくくなります。これが不正咬合です。

不正咬合になるとやわらかいものを食べたがったり、牧草など繊維質の多い食べ物を嫌がったり、食べたそうにしていても何も口にできなくなったりします。

モルモットの場合、臼歯（奥歯）が不正咬合になりやすいですが、臼歯不正咬合で食欲がなくなって、切歯（前歯）まで不正咬合になることもあります。基本的に歯を切ったり削って正しい形に整えて治療しますが、不正咬合は繰り返すことも多いので、その後も定期的に動物病院で歯の状態を診てもらうことになります。

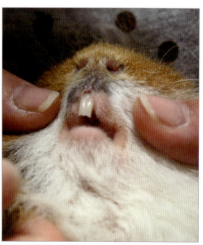

不正咬合になると、一生歯のチェックが必要になります。

人獣共通感染症

　人と動物との間で感染し合うことのある病気を「人獣共通感染症」と言います。鳥インフルエンザや狂犬病などが有名です。

　モルモットから人によく移る病気としては、真菌（カビ）性の皮膚病があげられます。この病気が発症したモルモットには、薄毛やハゲ、皮膚の赤み、かゆみ、フケの増加などが起こります。発症中のモルモットに直接触れることで、人も感染します。発症しないことも珍しくありませんが、体調不良などで抵抗力が落ちていると、皮膚が赤くなったり腫れることになります。

　また、サルモネラ菌もモルモットから人に感染します。サルモネラ感染症になったモルモットのフンにはサルモネラ

どんなにかわいくても食べ物の口移しやキスは×。遊んだ後には手を洗いましょう。

菌が排出されます。そのフンや、フンが触れてサルモネラ菌がついたモルモットや床材、ケージなどに触れた後、手を洗わないで食事をしたり手で口に触ると人にも感染します。

　正しい対処をすれば共通感染症は防げます。むやみに恐れることなく、モルモットを適切に飼育していきましょう。

人獣共通感染症の予防法

- □ モルモットや飼育環境に触ったらすぐに手を洗う。
- □ モルモットや飼育環境に触った直後に口に触れたり物を口にしない。
- □ モルモットの飼育環境を清潔に保つ。
- □ モルモットが病気になったら早めに動物病院で治療を受けさせる。
- □ モルモットにキスをしたり、口移しでものを食べさせるなどの濃厚接触はしない。
- □ 抵抗力が落ちないように、自分自身の健康もきちんと管理する。

衛生面に気をつけて、節度を持って接しましょう。

The Guinea Pig　　　Daily health care

モルモットの繁殖

繁殖の前に考えること

■繁殖させたいと思ったら
　モルモットの子どもはかわいいですが、頭数が増えればお世話や金銭的な負担も増えます。妊娠や出産、子育てはモルモットの体に負担をあたえますし、妊娠・出産のトラブルで母子ともに命を落とす可能性もあります。妊娠させたいと思ったら、まずは繁殖させても大丈夫かどうか考えましょう。

■初めての繁殖は生後6カ月までに
　出産経験のないメスのモルモットは、生後10カ月頃に恥骨結合が完全にくっついてしまいます。その後、初産をすると、たいていは難産になってしまいます。
　また、妊娠するのが早すぎて母モルモットの体が未熟なため、胎児が大きく育たなくなるケースもあります。メスに初めて繁殖させるなら、体重が500g以上になった後、生後6カ月までの間にしましょう。
　なお、オスは生後12カ月までに交尾を経験しないと交尾ができなくなることも。オスの場合は、生後12カ月までに初めての交尾をさせるのが望ましいでしょう。

■繁殖を避けた方がいい場合
　モルモットは老化が早く、5歳以降からは難産、流産、早産などの出産トラブルが起こりやすいと言われています。3歳頃から老いが見られることもあるので、出産経験があっても高齢出産は避けましょう。
　性別に関わらず遺伝性の病気があったり、メスが病気や肥満、産後まもない場合にも繁殖は避けます。メスの体に負担がかかりやすい真夏や真冬の繁殖も控えましょう。

お母さんになるのって体力使うわ〜

妊娠から出産まで

■ 妊娠できる時期

メスは体がまだ大人になり切っていない生後4〜6週頃、オスは生後約5〜10週頃に性成熟をします。メスの発情期は1年を通して定期的に訪れます。オスとメスを繁殖のために会わせるのなら、メスの発情期を狙うといいでしょう。

発情したメスの背中に人が手を置くと、背中を弓なりにそらします（ロードシス反応）。

メスの発情は15〜17日周期。発情すると6〜11時間続きます。

出産までの手順

1 オスとメスを会わせる

お互いの存在に慣れるように、オスとメスのケージを隣り合わせに並べます。数日間様子を見て、メスが嫌がらなければオスとメスを同じケージに入れます。

2 交尾

メスが発情するとオスはメスの背中に乗り、メスは背をそらして交尾をします。交尾の後はオスがメスを追いかけまわさないように、オスとメスのケージを分けます。

3 妊娠

交尾に成功したら、出産に備えてケージには大きめのハウスを入れて静かで落ち着く場所に移動させます。

妊娠中は、体重1kg当たり20〜30mgのビタミンCが毎日必要です。ペレットはアルファルファ主体のものに変え、野菜やサプリメントも多めにあげましょう。牧草もアルファルファを足します。

4 出産

妊娠期間は平均68日で、たいてい2〜4匹の赤ちゃんを出産します。正常な出産は30分くらいで終わります。

妊娠・出産・産後のトラブル

妊娠中には流産や早産、妊娠後期から産後には妊娠中毒症、出産時には難産や子宮脱などが起こる可能性があります。繁殖中は動物病院で経過を診てもらいましょう。

2匹産みました♡

The Guinea Pig　　Daily health care

産後のケア

母乳がたくさん出るように、新鮮な水とアルファルファ主体のペレット、カルシウム分やビタミンCが豊富に含まれた野菜、アルファルファ牧草などをあげましょう。

なお、出産当日〜2、3日後にはメスのモルモットは妊娠できる体に戻ります。オスを近付けないように気を付けましょう。

産後は妊娠前よりも栄養たっぷりの食事を心がけましょう。

モルモットの赤ちゃん

■ 誕生直後

体重は45〜115gくらい。兄弟の数が多いと体は小さく、少ないと大きく生まれます。生まれた直後から毛は生えそろい目も開いていて、生後1時間ほどで歩き始めます。

生後1日目。生まれた時から毛は生えそろい、目も開いていて、すぐに歩けるようになります。同時に生まれた赤ちゃんでも、毛の色や見た目が違うことがよくあります。

■ 生後2日目以降

お湯でふやかしてやわらかくしたペレットを食べるようになります。産後約48時間までの母乳には免疫力を高める成分が含まれているので、飲めるように見守ります。だんだん小さく切った野菜も食べるようになるので、少しずつ量を増やしながら、牧草やペレットのほか、色々な野菜や野草、果物を与えていきましょう。

■ 離乳

食べ物を口にするようになっても、健康のために授乳は続けます。生後3週間くらいで体重が180gを超えたら離乳をしてもいいでしょう。

生後約1ヶ月。離乳する時期が早すぎると、免疫力が弱いまま育つことも。

お世話の注意点

生後2カ月からは子ども同士や親子で繁殖しないように、オスとメスとはケージを分けます。

モルモットとのお別れ

いずれ来るお別れのために

モルモットの寿命は人よりも短く、たいていの場合、飼い主よりも先に命を終えることになります。お別れのことを考えるなんて縁起が悪いと思う人もいるかもしれませんが、満足のいく形でお別れができないと、後悔が残ってしまいます。先々のためにできることを考えておきましょう。

お別れを予感したら

モルモットとのお別れを予感するようになるのは、モルモットが重い病気になった時か、高齢になった時が多いようです。

闘病中は後悔のないように、できる限りの手を尽くすことをおすすめします。動物病院には疑問に思ったことをすべて聞き、納得のいく治療を進めてもらいましょう。比較的元気な高齢モルモットの場合は、最後まで快適で楽しい日々を送れるように飼育環境や食べ物などに配慮しましょう。

葬儀について調べるのもおすすめです。ペット葬祭には様々な形があります。将来納得のいくお見送りをするためには、前もって葬儀社を選んでおいた方が安心です。

モルモットと飼い主にとって何が最善の方法なのか、よく考えて決断していきましょう。その選択の1つ1つが、将来のお別れの痛みを減らすことにもつながります。

ペットロスについて

ペットを亡くした人は誰もが落ち込んだり悲しみに打ちひしがれたりします。鬱っぽくなったり、罪悪感を感じる人もいます。疲れやすくなったり体調を崩すなどの身体症状が出る人もいます。こういった状態を「ペットロス症候群」と言います。

人生のひと時をともに過ごした、大切な存在を亡くしたのですから、悲しいのは当然のこと。その気持ちを抑え込まず、家族や友人たちに話したり涙を流すうちに、悲しみは薄れていき、モルモットと過ごした日々は人生の大切な宝物となっていくはずです。お別れを恐れず、モルモットをたくさん愛して一緒に楽しい日々を送りましょう。

うちの子写真館 ⑤
みんなで健康管理！

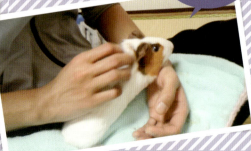

Special Thanks

写真ご提供・撮影・取材ご協力の皆さま （敬称略・順不同）

赤いの☆青いの	ししょう。	もるぱぱ	小動物専門店 Andy
akko	しまっち	（@moru_papa）	お魚かぞく
atsuko	じゅりんこ	ほた	パティ＆ルンルン
生田 結花	しろくま	ぽんたた	もる組
いそだにく	杉野由美	マキコ	ロイヤルチンチラ
今井睦子	せんちゃ	mint3	株式会社イースター
HCG	ちべ	メキコ	株式会社川井
大塚 泰穂	椿	めぐみ	株式会社サカイペット
大槻 一也	永島結衣	もるおかあさん	株式会社三晃商会
大平いづみ	ななえ	もるごろりん	株式会社ジュピター
川平むつみ	ナリコ	もるじゅ	株式会社マルカン
鬼女羅☆	野仲 順子	もるぴー	株式会社パシフィックリンクス
くら	ハナコロン	MORPHEUS	インターナショナル
CRITTER LINE	花谷 久美子	ゆき	フィード株式会社
げっぱ love	@pi_maro	ゆりもっちまま	狭山市立智光山公園こども動物園
孝一朗	ヒロ	るる	
コッコのパパ	富士吉	rei	ご協力ありがとうございました
さんぴん			

参考資料

『カラーアトラス　エキゾチックアニマル　哺乳類編　―種類・生態・飼育・疾病―』
霍野晋吉、横須賀誠（緑書房）

『小動物ビギナーズガイド　モルモット』
すずき莉萌（誠文堂新光社）

『新装版　モルモットの医・食・住』
徳永有喜子、霍野晋吉 監修（ジュリアン）

『モルモットの救急箱　100問100答』
すずき莉萌 編著（誠文堂新光社）

『アニファブックス　わが家の動物・完全マニュアル8　モルモット』
（スタジオ・エス）

『エキゾチック臨床シリーズ　Vol.15　モルモットの診療』
三輪恭嗣、林 典子（学窓社）

『Training Your Pet Guinea Pig』
Gerry Bucsis, Barbara Somerville（BARRON'S）

『世界哺乳類標準和名目録』
川田伸一郎、岩佐真宏、福井 大、新宅勇太、天野雅男、下稲葉さやか、樽 創、姉崎智子、横畑泰志．2018．哺乳類科学 58（別冊）: 1-53．

著者（執筆・編集）

大崎 典子（おおさき のりこ）

東京生まれ。編集プロダクション勤務を経てフリーランスの編集・ライターとなる。現在はうさぎ専門誌での編集・執筆をはじめ、小動物全般、出産・育児関連などで活動中。著書に『モルモット完全飼育』（誠文堂新光社）、編集・執筆等で携わった小動物関連書籍には『ハッピー★カメカメ BOOK』（主婦の友社）、『うちのうさーうさぎあるあるフォトエッセイ』（誠文堂新光社）などがある。

写真

井川 俊彦（いがわ としひこ）

東京生まれ。東京写真専門学校報道写真科卒業後、フリーカメラマンとなる。1級愛玩動物飼養管理士。犬や猫、うさぎ、ハムスター、小鳥などのコンパニオンアニマルを撮りはじめて25年以上。『新 うさぎの品種大図鑑』、『小動物★飼い方上手になれる！ ハリネズミ』、『ザ・ネズミ』（誠文堂新光社）ほか多数。

デザイン

Imperfect（竹口 太朗、平田 美咲）

イラスト

大平 いづみ

住まい、食べ物、接し方、病気のことがすぐわかる！

モルモット

NDC489

2016年 8月10日 発 行
2020年12月15日 第2刷

著 者	大崎 典子
発行者	小川 雄一
発行所	株式会社 誠文堂新光社
	〒113-0033 東京都文京区本郷 3-3-11
	（編集）電話：03-5805-7765
	（販売）電話：03-5800-5780
	https://www.seibundo-shinkosha.net/
印刷所	株式会社 大熊整美堂
製本所	和光堂 株式会社

©2016, Noriko Ohsaki / Toshihiko Igawa.　　Printed in Japan　　検印省略
（本書掲載記事の無断転用を禁じます）
落丁・乱丁本はお取り替えいたします。

本書のコピー、スキャン、デジタル化等の無断複製は、著作権法上での例外を除き、禁じられています。本書を代行業者等の第三者に依頼してスキャンやデジタル化することは、たとえ個人や家庭内での利用であっても著作権法上認められません。

[JCOPY] 〈（一社）出版者著作権管理機構 委託出版物〉
本書を無断で複製複写（コピー）することは、著作権法上での例外を除き、禁じられています。本書をコピーされる場合は、そのつど事前に、（一社）出版者著作権管理機構（電話 03-5244-5088 / FAX 03-5244-5089 / e-mail:info@jcopy.or.jp）の許諾を得てください。

ISBN978-4-416-61691-8